LES NOMS DES OISEAUX

EXPLIQUÉS PAR LEURS MŒURS

ou

ESSAIS ÉTYMOLOGIQUES SUR L'ORNITHOLOGIE

DU MÈME AUTEUR :

Les Noms des Oiseaux expliqués par leurs mœurs ou **Essais étymologiques sur l'Ornithologie**. — Un volume in-8° de 544 pages, orné de gravures. — Troisième édition — Prix : 5 francs.

Réhabilitation du Pic-Vert ou **Réponse aux observations d'un propriétaire sur l'utilité du Pic.** — Quatrième édition. — Prix : 1 fr. 50 c.

CES OUVRAGES SE VENDENT AU BÉNÉFICE DE PETITS ORPHELINS

LES NOMS
DES OISEAUX

EXPLIQUÉS PAR LEURS MŒURS

OU

ESSAIS ÉTYMOLOGIQUES SUR L'ORNITHOLOGIE

(SUITE)

PAR

L'abbé VINCELOT

CHANOINE HONORAIRE, AUMÔNIER DU PENSIONNAT SAINT-JULIEN,
OFFICIER DE L'INSTRUCTION PUBLIQUE,
MEMBRE TITULAIRE DE LA SOCIÉTÉ LINNÉENNE DE MAINE-ET-LOIRE,
ET DE LA SOCIÉTÉ PROTECTRICE DES ANIMAUX.

———◦◦———

Extrait des Annales de la Société Linnéenne de Maine-et-Loire, année 1870

———

ANGERS

IMPRIMERIE DE P. LACHÈSE, BELLEUVRE ET DOLBEAU
Chaussée Saint-Pierre, 13

1870

LES NOMS DES OISEAUX

EXPLIQUÉS PAR LEURS MŒURS

ou

ESSAIS ÉTYMOLOGIQUES SUR L'ORNITHOLOGIE

(Suite.)

ORDRE DES ÉCHASSIERS

TROISIÈME FAMILLE. — LONGIROSTRES.

La troisième famille des Échassiers est désignée, dans la Faune de Maine-et-Loire, par l'épithète de *Longirostres* (*longum* « long » *rostrum* « bec »). Sous cette dénomination assez caractéristique sont groupés un nombre considérable d'oiseaux, auxquels la Providence a donné un bec long, grêle, arqué en totalité ou en partie, ou même entièrement droit, dans quelques espèces. J'ai dit que l'épithète « longirostre » me paraît être seulement *assez caractéristique*, parce qu'elle pourrait convenir aux Cultrirostres, pourvus aussi d'un bec long, mais fort, tranchant et ordinairement aigu et conique ; c'est pour cette raison que je voudrais, comme plusieurs naturalistes, donner à cette famille le nom de *Tenuirostres,* — *tenue,* « menu, faible, » *rostrum* « bec », oiseaux dont le bec est effilé et faible. La différence essentielle, qui existe dans la forme du bec des oiseaux de ces deux familles, indique évidemment que leur genre de nourriture ne doit pas être le même. Les Longirostres, comme les Cultrirostres, fréquentent les bords vaseux des fleuves, des mers, des étangs, mais c'est pour rechercher une proie beaucoup plus petite que les seconds, proie composée de vermisseaux, d'insectes et de petits mollusques. Chaque espèce a reçu de Dieu les armes nécessaires pour accomplir la mission qui lui a été confiée, et nous trouverons, en déroulant le tableau sommaire des mœurs des oiseaux de cette famille, des preuves incontestables de la sagesse de la Providence divine. Dans cette Étude, nous constaterons encore et même très-souvent le combat persévérant des oiseaux contre les insectes aquatiques, combat que j'ai signalé bien des fois, pour démontrer l'utilité, la nécessité de protéger les oiseaux et de travailler à multiplier leurs services, en combattant les préjugés dont ils sont les victimes et dont les conséquences compromettent les véritables intérêts de l'homme et les lois de l'harmonie générale.

Ibis noir ou Falcinelle. — Ibis Falcinellus.

L'ibis noir est un bel oiseau qui visite, d'une manière assez irrégulière, notre département; plusieurs sujets y ont été tués à différentes époques et font partie des collections particulières ou de celles des musées. Son plumage à reflets et à teintes métalliques varie selon les époques de l'année, et cette variation explique les épithètes qui ont été données à cet échassier : quelques auteurs ont cru le déterminer d'une manière exacte en l'appelant ibis *noir* ; d'autres, au contraire, l'ont nommé « ibis *vert*, viridis, » et enfin ibis *couleur de feu*, « igneus. » Ces dénominations si différentes peuvent s'expliquer non-seulement par les modifications que subit le plumage de cet oiseau, selon les époques de l'année, mais surtout par celles qui sont la conséquence de l'âge.

L'épithète *falcinellus*, « falcinelle, » dérive de *falx, falcis* « faux, faucille » et indique que le bec de l'ibis est arqué, en forme de faux, de faucille. Les Arabes appellent cet oiseau *mengel, abou mengel* « la faucille, le père-la-faucille, » dénomination beaucoup plus expressive que le mot *falcinelle*. Les ornithologistes affirment généralement qu'ils ne comprennent pas le motif de la forme donnée par Dieu au bec de ces oiseaux. Cette forme existant, elle doit nécessairement avoir une raison d'être, car tout dans la nature étant l'œuvre d'un Dieu souverainement intelligent et sage, ne peut être attribué à une erreur ou à un caprice. Sans préjuger d'une manière positive cette question, il me semble que la forme arquée donnée au bec des ibis, des courlis, etc., doit faciliter beaucoup le travail de ces oiseaux, qui cherchent leur nourriture dans des terrains vaseux, en décrivant autour d'eux des lignes circulaires. Enfin, la courbure très-prononcée de leur long bec ne les force pas à avoir la tête toujours penchée jusqu'à terre et dans une position pénible et fatigante. Avec la forme de leur bec, ces oiseaux peuvent donc décrire plus facilement la même courbe que suit le bras des hommes condamnés à briser le lin ou le chanvre ou même les mottes de terre. Si le modeste travail que je poursuis, depuis longues années, avait revêtu le caractère d'une Faune, la description méthodique et scientifique du bec de chaque espèce d'oiseau aurait pu révéler, d'une manière bien sensible, le plan de la Providence. Cette observation me rappelle un souvenir que je crois devoir consigner ici, à l'appui de l'opinion que je viens d'émettre. Dans la Nouvelle-Zélande se trouve un oiseau étudié récemment, et auquel les savants ont donné le nom d'*apteryx*, *a* « sans » et *pteron* « aile. » Cet oiseau, dont la taille varie entre celle d'une grosse poule et celle d'une petite oie, n'a que des ailes rudimentaires et presque nulles, terminées par un ongle fort et arqué, et formées de petites barbes effilées et d'une couleur de brun ferrugineux.

Des auteurs le classent parmi les *nullipennes*, *nulla* « aucune » et *penna* « plume, aile. » Par ce caractère, l'apteryx se rapproche des autruches, des casoars ; par ses pieds, il paraît appartenir aux gallinacés, et la forme de son bec semble devoir le ranger parmi les longirostres. Ce bec est perforé, dans toute sa longueur, de deux tuyaux, commençant aux narines pour finir à l'extrémité de la mandibule supérieure, où se trouve un orifice, organe très-subtil de l'odorat. La forme si insolite du bec de cet oiseau révèle donc la sagesse du Créateur. L'apteryx se tient, pendant le jour, dans les endroits les plus sombres des forêts de la Nouvelle-Zélande ou dans les hautes herbes touffues des prairies marécageuses. Les indigènes nomment cet oiseau *kiwi*, expression qui représente son cri et qui prouve que l'onomotapée joue, surtout chez les sauvages, un grand rôle dans la composition des noms. Les Nouveaux-Zélandais, assez friands de la chair de l'apteryx et plus désireux encore de se procurer les quelques plumes de cet oiseau qui servent à orner le costume de leurs chefs, aimaient autrefois à poursuivre le kiwi avec des chiens dressés à cette chasse ; aujourd'hui, ils y ont renoncé, du moins en grande partie, à cause de la fatigue excessive que leur causait cet exercice.

L'apteryx dissimule tellement sa présence, il court avec une si grande rapidité quand il est découvert, se défend avec une telle énergie au moyen de ses pieds contre les chiens, que la chasse de cet oiseau impose des courses très-pénibles sans procurer des résultats bien satisfaisants. Le kiwi ne sortant pas, pendant le jour, de la retraite ténébreuse qu'il prépare lui-même entre les racines chevelues des arbres des forêts presque impraticables de la Nouvelle-Zélande, ne peut chercher sa nourriture que lorsque la nuit est complétement venue ; et encore choisit-il le moment où les ténèbres sont le plus épaisses. Dès lors, il semble qu'il devrait être doué, comme les chouettes et les rapaces nocturnes, d'une vue qui servît à le diriger dans ses courses, pendant les nuits sombres. Il n'en est rien : le kiwi est doté de deux petits yeux, impuissants à lui venir en aide pour trouver et distinguer les longs vers qui composent sa nourriture, et qui séjournent dans les terrains marécageux et les vases bourbeuses des prairies de la Nouvelle-Zélande. Mais la conformation de son bec, conformation qui au premier coup d'œil paraît si bizarre, supplée à l'impuissance de sa vue ; il promène, en tous sens, son long bec dans la vase bourbeuse, et l'excessive finesse de l'odorat, dont le siége est à l'extrémité de cet organe, l'avertit de la présence des vers qui doivent composer sa nourriture. Ainsi se révèle un nouveau trait de sagesse de la providence de Dieu.

Des études récentes ont servi à distinguer trois espèces ou trois variétés de l'apteryx, qui toutes ne se trouvent que dans les forêts de la Nouvelle-Zélande.

J'abandonne le kiwi et je reviens à l'ibis; là, je me trouve en présence d'une sérieuse difficulté étymologique. Quelle est la racine du mot ibis? A cette question, le Dictionnaire de M. Littré répond : « Ibis, nom français de l'oiseau sacré des Egyptiens, vient du mot latin *ibis*, qui dérive lui-même du grec ιβις, dont la racine appartient à la langue égyptienne. » Une telle réponse est loin d'être une solution ; elle laisse subsister la difficulté dans toute sa force, et je me vois condamné à essayer de parcourir une route parsemée d'obstacles. Pour en triompher plus facilement et parvenir au but que je me propose, je vais dérouler en partie le tableau des fables qui se rattachent au souvenir de l'ibis; puis, je constaterai les habitudes réelles de cet oiseau, et j'espère ainsi arriver à émettre une hypothèse en harmonie avec la véritable donnée de la science ornithologique.

Voici d'abord l'opinion de Belon sur les ibis :

« Les Egyptiens ont eu l'ibis en grande vénération pour ce qu'il les délivre des serpents. Car où il en trouve il les mange, et s'il en est saoul, il ne les laisse en vie. Les Egyptiens, qui estoyent plus cérémonieux que tous les autres hommes, sentants que tels oyseaux leur faisoyent proufit en leur mangeant les serpents, les auoyent en vénération, non seulement en leur vie, mais aussi après leur mort; parquoy afin qu'ils ne fussent priuez de sepulture les faisoyent confire en diuerses manières » (Belon, liv. IV, page 200).

Cette opinion était basée sur les textes d'Hérodote, de Pline, etc., et sur l'histoire entière des Egyptiens. « Or, j'entrepris, dit Hérodote, d'aller en une marche prochaine de la ville Buto, ayant entendu qu'il y avait des serpents volants. Arrivé que je fus, je vis os et échines de serpents, tant qu'il n'est possible plus : car ils y sont à tas, plus çi, moins là ; mais en géneral beaucoup. Le lieu se comporte ainsi : une saillie étrécie de montagnes vous jette en une campagne fort grande, attenant d'une autre qui est de l'Egypte. Le bruit commun tient que par là, sur le printemps, les serpents volants volent d'Arabie en Egypte, et que, en droit ce pas, les ibis leur viennent au devant, qui non-seulement les gardent de passer mais davantage les tuent et défont. A cette cause, les Arabes honorent grandement les ibis et les Egyptiens aussi. » (Hist. d'Hérodote, traduction de Pierre Saliat, vol. in-8, chez Henri Plon, 1864, page 147.)

Après un texte aussi positif, l'erreur de Belon et des autres naturalistes ou historiens paraît très-excusable. De plus la narration d'Hérodote se fortifie encore par la vénération dont les Egyptiens entouraient les ibis. Tout homme qui tuait même involontairement un de ces oiseaux était puni de mort. Les Livres Saints constatent aussi que Dieu avait défendu aux Israélites de manger les ibis. (Lev. ch. xiv, 13-17.) « Quiconque tuait ibis, encore qu'il ne le pensàt faire, la loy par nécessité le condamnait à mourir. Et pour entendre la raison, fault sçauoir qu'il mange les serpents d'Egypte.» (Belon, liv. IV, page 200.)

Un grand nombre d'ibis étaient élevés et nourris dans les temples, et pouvaient en sortir pour se promener dans les rues et y recevoir des témoignages de sympathie superstitieuse. Les Egyptiens pensaient que les plumes des ibis avaient la proprieté de frapper de stupeur et même de mort les serpents, les crocodiles !!

Cicéron, Pline, etc., s'unissent à Hérodote pour affirmer que les Egyptiens invoquaient religieusement les ibis à l'arrivée des serpents, et adressaient à ces oiseaux des supplications pieuses et pressantes pour les appeler à leur secours contre ces ennemis ailés qui, selon toute vraisemblance, n'étaient que des nuées de sauterelles.

Les prêtres Egyptiens conservaient aussi dans de grandes volières un certain nombre d'ibis qu'ils faisaient parader dans les cérémonies extérieures du culte de la déesse Ibis, figurée sur tous les monuments religieux et à laquelle cet oiseau était consacré. On la représentait par de petites statuettes, que l'on trouve en grande quantité dans les fouilles pratiquées sous les anciens temples égyptiens.

L'historien Josèphe (*Livre des Antiquités*, 2, chap. x) prétend que Moïse allant en guerre contre les Ethiopiens aurait emporté dans des cages de papyrus un grand nombre d'ibis pour faire la guerre aux serpents. Savigny, dans son Histoire naturelle et mythologique de l'ibis, pense que Moïse était simplement suivi par des cathartes, qui d'ordinaire accompagnent les armées pour dévorer les cadavres. Les prêtres d'Hermopolis prétendaient que l'ibis pourrait bien être immortel, et pour le prouver ils montrèrent à Appien un de ces oiseaux qui, selon eux, était si vieux, qu'il ne pouvait plus mourir ! Cette hypothèse se trouvait en contradiction avec une autre opinion des mêmes prêtres, qui affirmaient que les ibis étaient tellement attachés au sol de l'Egypte, que si on les en éloignait, ces oiseaux succombaient immédiatement, victimes de leur douleur et de leurs regrets profonds. Malheureusement l'opinion des prêtres d'Hermopolis se trouve combattue par la grande quantité de momies d'ibis qui prouvent que ces oiseaux étaient sujets à la mort comme de simples mortels, et qu'après leur vie, les Egyptiens leur rendaient les mêmes honneurs qu'aux hommes dont l'existence avait été utile à la patrie. Les ibis étaient embaumés et renfermés dans des vases en terre cuite et de forme oblongue. On trouve un grand nombre de ces vases dans les puits de la plaine de Saccara, appelés *Puits des oiseaux*. Non-seulement les Egyptiens embaumaient les ibis, mais ils préparaient même les œufs de ces oiseaux et les confiaient ensuite aux vases renfermant les oiseaux sacrés. M. Servaux, chef du bureau des travaux historiques au Ministère de l'instruction publique, s'est procuré plusieurs de ces œufs parfaitement conservés, et en a offert quelques-uns à M. Gerbe, savant auteur de l'*Ornithologie européenne*.

Un des motifs qui peuvent expliquer la vénération des Egyptiens pour les ibis, c'est que ce peuple était convaincu que les dieux devaient prendre la figure de l'ibis, toutes les fois qu'ils voulaient se manifester aux hommes, et que c'est sous cette forme que Mercure avait appris aux mortels les arts et les sciences, et qu'il s'était caché lorsque les dieux avaient été forcés de quitter l'Olympe après l'escalade des Titans. Aussi Cambyse se servit-il de cette croyance superstitieuse pour prendre Peluse. Il mit un grand nombre d'ibis entre son armée et les Egyptiens, et ceux-ci ne voulurent pas lancer leurs flèches sur les Perses, de peur de tuer ou de blesser quelques-uns de leurs dieux.

La vénération des Egyptiens pour l'ibis sacré s'étendait aussi à l'ibis noir. Les momies de ces deux oiseaux se trouvent confondues dans les vastes catacombes de Memphis, et leurs figures s'harmonisent sur tous les monuments et dans les hiéroglyphes.

Il résulte donc évidemment des textes que j'ai cités, des détails que je viens d'énumérer, que les ibis étaient chez les Egyptiens l'objet d'un véritable culte fondé sur la reconnaissance motivée par les prétendus services que ces oiseaux rendaient au pays en le purgeant des serpents et des reptiles de toute espèce. Cette opinion s'est perpétuée jusqu'à nos jours, et G. Cuvier s'exprime ainsi : « Quoique l'ibis ne paraisse pas être de taille à lutter contre les serpents, cette raison ne peut tenir contre des preuves positives, telles que des descriptions, des figures, des momies. » Enfin ce savant ajoute qu'il a « trouvé dans une momie d'ibis, des débris non encore digérés de peau et d'écailles de serpents. » (*Annales du Muséum,* chap. xx, page 132.) Aussi en présence de telles autorités, ne suis-je pas étonné qu'un savant linguiste, auquel je m'étais adressé par l'entremise de l'un de mes amis, afin de connaître la racine égyptienne du mot ibis, ait cru trouver dans cette dénomination l'idée de *dévorer* et de *dévorer beaucoup;* de sorte que, selon ce savant, le mot ibis eut signifié l'oiseau *dévoreur par excellence,* dans le sens qu'il mangeait beaucoup et qu'en mangeant ainsi il rendait d'immenses services au pays qu'il purgeait de reptiles dangereux.

Malgré tant d'autorités nombreuses et savantes, je ne puis accepter l'étymologie du mot ibis dans le sens que je viens d'indiquer, parce qu'elle me paraît reposer sur des renseignements complétement dénués de vérité. Je vais exposer les mœurs positives de l'ibis, et j'espère y trouver la racine égyptienne du nom donné à cet oiseau. G. Cuvier eût dû, pour juger sérieusement cette question, dégager son intelligence de tous les souvenirs chimériques de l'antiquité. La première condition pour que l'Ibis pût dévorer en Egypte des serpents, et surtout des serpents ailés, c'est que cet oiseau fût armé pour soutenir cette lutte d'une manière victorieuse, et qu'il y eût, en Egypte, des serpents ailés. Or l'ibis n'est nullement armé, quant aux pieds et quant au bec, pour se livrer à un pareil combat; de plus, le temps où cet oiseau arrive en Egypte indique qu'il a une tout autre mission que celle qu'on lui a prêtée ; enfin, les débris de serpents et d'écailles trouvés dans une momie ne seraient pour moi qu'un nouveau témoignage de la croyance erronée des Egyptiens.

Voici maintenant le résumé des observations fournies par la véritable science ornithologique.

L'ibis sacré et l'ibis noir vivent de petits coquillages fluviatiles, de sangsues, de vers, d'insectes et de débris de végétaux aquatiques. Dès lors, ils fréquentent de préférence à tout autre lieu celui où ils trouvent une nourriture plus facile et plus abondante. Or, chaque année, le Nil en couvrant de ses eaux, d'une manière régulière, la plus grande partie de l'Égypte pour y répandre la fécondité et l'abondance, entraînait dans son cours des quantités considérables d'insectes, de vers de toute espèce; qu'il jetait sur ses rives ou qu'il faisait sortir de terre, à mesure que l'inondation se répandait au loin. C'est à ce moment que les ibis apparaissaient; ils précédaient la crue du Nil de quelques jours, ou plutôt ils en suivaient les développements. Pour les Egyptiens, ces oiseaux étaient des messagers annonçant une bonne nouvelle, celle de la crue du Nil, principe et véritable cause de la richesse de l'Egypte, et plus la crue devait être considérable et apporter avec elle de vers, d'insectes, plus les ibis se montraient en grand nombre. Ces oiseaux étaient donc pour les Egyptiens ce que sont pour nous, à un autre point de vue, les gracieuses hirondelles, d'aimables messagères dont on salue l'arrivée et dont on regrette le départ. Dans la Basse-Egypte, les habitants appellent l'ibis Abou-Hannès « *Père de Jean,* » parce que cet oiseau apparaît aux environs de la Saint-Jean, pour s'en éloigner vers le mois de janvier. Or l'inondation se produit dans le mois de juin pour finir vers la fin de décembre. Il y a donc une relation entre le séjour de l'ibis et l'inondation du Nil, et de plus, on peut parfaitement expliquer pourquoi ces oiseaux restaient quelque temps en Egypte après la retraite des eaux. Les ibis précédaient et accompagnaient les flots envahisseurs du Nil; ils s'arrêtaient, lorsque la crue suspendait son cours, puis ils suivaient la marche des eaux et récoltaient sur les terres abandonnées par le fleuve des myriades d'in-

sectes qu'y avait déposés la crue, et dont la présence eût pu com-
promettre la récolte en dévorant les semences que l'on confiait à la
terre aussitôt que les eaux s'étaient retirées. C'est pourquoi Forcellini a pu dire : « *Auxilium sacræ veniunt cultoribus ibes*, les
ibis sacrés viennent en aide aux laboureurs. » Il est facile d'admettre que les ibis devaient rester en Egypte quelque temps après
la rentrée des eaux dans leur lit ordinaire, et que ce séjour devait
se prolonger tant que les terrains détrempés par l'inondation et
couverts d'une vase épaisse et molle pouvaient fournir aux ibis une
nourriture facile et abondante. Quand le soleil brûlant de l'Egypte
venait dessécher les bords du Nil et le limon qui y était déposé, les
ibis disparaissaient, de même que les hirondelles nous abandonnent
avec la saison qui leur procure les nuées d'insectes ailés composant
leur nourriture. D'après cette connaissance des mœurs de l'ibis,
j'étais porté à croire que le nom donné à cet oiseau par les Egyptiens
devait signifier *l'oiseau de bon augure, le messager, l'envoyé porteur de bonnes nouvelles, l'oiseau de passage par excellence,* et que
la racine de ce nom pourrait bien être le mot hébreu *Eber*, d'où est
venu *Iberes, Ibérie,* et signifiant « passage. » Dès lors, l'ibis serait
« l'oiseau qui passe » et dont le passage annonce la fertilité et l'abondance. C'est pour cela que, dans les hiéroglyphes, la figure de l'ibis
ne signifiait pas dévorer, mais représentait la fertilité et l'abondance. Pour pouvoir appuyer mon hypothèse sur une véritable
autorité, je l'ai soumise à M. le vicomte de Rougé, directeur du
Musée égyptien. Ce savant a bien voulu me venir en aide, en m'é-
crivant la lettre que je transcris ici :

« L'ibis sacré a pour nous, dans l'écriture hiéroglyphique, le

mot ⌷ 𓅆 *Heb*. Je ne vois rien qui puisse rapprocher ce

nom des idées de *dévorer, manger ;* mais on peut facilement trouver
une analogie entre ce nom et les verbes de mouvement qui signifient

passer au neutre et *envoyer* à l'actif; car le radical ⌷ *Heb* a ces deux sens. On ajoute alors la jambe en marche pour compléter

le groupe et en fixer la signification. Ainsi le mot ⌷⌐ Λ *Heb*

se prête très-bien à vos conjectures.

« Paris, 5 juin 1869. »

Je crois donc, sans être trop téméraire, pouvoir, en m'appuyant sur l'autorité de M. le vicomte de Rougé et sur les véritables mœurs de l'ibis, émettre l'opinion que le nom donné à cet oiseau signifiait le *passager*, le *messager porteur de bonnes nouvelles, l'envoyé par excellence*. Puis les Egyptiens, ayant remarqué que la crue du Nil coïncidait toujours avec l'arrivée de l'ibis et qu'elle cessait après le départ de cet oiseau, lui ont attribué cette crue, et c'est alors que les ibis sont devenus l'objet d'une vénération superstitieuse. Victimes d'une croyance erronée, les Egytiens, comme beaucoup d'autres peuples, prenaient l'effet pour la cause; de même encore, dans beaucoup de localités, l'apparition de l'effraie est regardée comme une cause de mort, tandis que la présence de ce rapace nocturne est simplement motivée par l'émanation des miasmes que répandent les corps des malades qui commencent à se décomposer.

Je termine cette dissertation, peut-être déjà trop longue, par quelques détails sur le caractère de l'ibis. Cet oiseau, nommé par les anciens *courlis noir*, est d'un caractère peu farouche, aimant à vivre et à nicher en société; il marche pas à pas et très-gravement, comme s'il voulait, dans ses investigations, ne laisser échapper aucune proie. Avec ses pattes, l'ibis remue la terre et cherche à lui communiquer un petit frémissement qui détermine les vers à sortir de leur retraite, et c'est alors qu'il saisit avec beaucoup d'adresse les insectes, à mesure qu'ils se présentent à la surface du sol. Quand l'ibis se trouve au milieu d'un terrain boueux, comme le limon déposé par le Nil, il se sert de son bec, long de 14 à 15 centimètres, pour remuer cette boue en imprimant à son bec un mouvement de rotation rapide. Les auteurs anciens avaient cru trouver dans le plumage de l'ibis et dans la forme de son bec arqué quelque rapport avec les phases de la lune. Quand on poursuit l'ibis falcinelle, il ne s'éloigne guère et se *remise* près du point de départ. Quelquefois il se perche, mais assez rarement. Cet oiseau vole très-haut, le cou en avant et les jambes tendues en arrière pour établir un contrepoids ; dans son vol, il pousse quelquefois des cris rauques. Le mâle est beaucoup plus gros que la femelle. Les ibis ne sont plus maintenant entourés d'un culte superstitieux. Les Arabes et les Egyptiens en prennent beaucoup au filet, pendant l'automne, au moment où le Nil rentre dans son lit ordinaire ; on trouve de ces oiseaux sur les marchés de la Haute-Egypte, et jusqu'à ce moment-ci l'autopsie de ces ibis n'a pu fournir aucune preuve à l'appui de la narration chimérique d'Hérodote.

M. Savigny, qui a combattu avec une grande énergie l'opinion des anciens auteurs et celle de G. Cuvier, a fait l'autopsie de plus de vingt ibis, sans trouver dans leur estomac la moindre apparence d'écailles ou de débris de serpents et surtout de serpents ailés, inconnus en Egypte. La chair de l'ibis, après l'inondation, lorsque cet oiseau a trouvé une nourriture abondante dans le limon bourbeux du Nil, est assez estimée.

L'ibis noir niche en colonies nombreuses dans les roseaux ; la femelle pond, dans un nid composé de quelques débris de roseaux, quatre ou cinq œufs, sur la couleur desquels se sont trompés MM. Degland et Nordmann : ces œufs présentent une très-belle couleur, d'un bleu uniforme et un peu velouté ; leur grand diamètre varie de $0^m,056$ à $0^m,058$, et le petit de $0^m,038$ à $0^m,040$.

L'erreur de MM. Degland et Nordmann était d'autant plus facile à commettre, que les œufs de l'ibis sacré sont d'une couleur blanche striée de quelques taches et le plus souvent de petits filets d'un brun noirâtre. Quelques-uns de ceux que j'ai reçus n'avaient aucune tache, mais la couleur de la coquille était d'un blanc jaunâtre. Ces œufs se rapprochent de ceux de la spatule blanche, et quoiqu'ils aient des dimensions plus petites et qu'ils soient plus effilés aux extrémités, ils sont assez souvent, dans les relations commerciales, confondus avec ceux de cet oiseau. Je connais plusieurs jeunes collectionneurs qui ont été, à cet égard, victimes de leur inexpérience.

Courlis cendré. — Numenius arquata.

Aux différents noms de cet échassier pourront, sans beaucoup de difficultés, se rattacher ses mœurs et les nuances de son plumage. Les courlis se distinguent des ibis par leur face emplumée, par deux doigts plus courts et plus robustes et, surtout, par la couleur de leurs plumes. Le courlis doit son nom au cri *courrili, cour-lis*. L'épithète *cendré* indique quelles sont les nuances de son plumage composé de plusieurs teintes de la même couleur grise, plus ou moins foncée, et qui s'harmonisent d'une manière assez agréable. La dénomination savante *Numenius* représente, sous une autre forme, la même idée que l'adjectif *arquata*, signifiant *arqué, figure d'arc* et indiquant la forme du bec du courlis.

Numenius est dérivé de *nouménia,* « nouvelle lune ; » (composé de neos, « nouvelle, » et méné, « lune. »). Ce mot exprime ainsi, d'une manière originale, mais bien vraie, la figure du bec de cet oiseau se rapprochant de la nouvelle lune, à cause de la forme de son bec en croissant. Les Grecs désignaient cet échassier sous le nom d'elorius, dont la racine est elos, signifiant « marais, eau dormante, » et dès lors ELORIUS était un oiseau vivant dans les marais et les eaux dormantes. « *Elorius*, dit Aristote, *avis est apud mare victitans*, le courlis est un oiseau se nourrissant sur les rivages de la mer. » Les Grecs modernes appellent le courlis MACRINATI, l'oiseau « au long nez. » Les Allemands le nomment *Brachvogel*, *Revenvogel*, *Vetter-Windrogel*, « l'oiseau des jachères, de pluie, d'orage, de vent, » d'après les circonstances qui accompagnent son apparition dans leur pays. Nouvelle preuve que les noms donnés aux oiseaux ne sont pas vides de sens. Les courlis se servent de leur bec, trois fois plus long que leur tête, pour ébranler la terre et se procurer les vers qui composent leur nourriture. Ils imitent en cela les pêcheurs, qui communiquent à la terre un ébranlement saccadé pour faire sortir de leurs retraites les lombrics, qui doivent servir d'appâts à leurs lignes. A la commotion imprimée par le bec du courlis, les vers apparaissent à la surface de la terre comme lorsqu'ils sont troublés dans leurs demeures souterraines par le passage des taupes

Les courlis sont assez nombreux sur les bords de la Loire ; ils parcourent très-lentement et avec une démarche grave tous les contours des grèves, afin qu'aucune proie ne se dérobe à leurs investigations. Un jour que, dans ma jeunesse, j'étudiais les marches et les contre-marches de deux courlis cendrés, sur les bords d'une longue grève située près l'île Denis, à Saumur, je cédai à la tentation de tirer un coup de fusil sur l'un de ces échassiers. Le courlis blessé grièvement se livra à des efforts impuissants pour reprendre son vol ; pendant ce temps-là, son compagnon de voyage se soutenait en l'air au-dessus de lui en poussant de petits cris, et semblait, en le frappant de ses ailes, chercher à lui venir en aide pour fuir la rive inhospitalière ; le blessé parvint avec ce secours à exécuter une série de petits bonds et à gagner ainsi le cours de la Loire, sans être abandonné par son congénère, qui voltigea au-dessus de lui jusqu'au moment où un employé de l'octroi vint avec son bateau se saisir de la victime pour me la remettre ensuite. Selon toute probabilité, ces deux courlis étaient unis par les liens de l'hymen qui, pour eux, ne devaient être rompus que par la mort ou par la nécessité.

Lorsqu'on les poursuit, les courlis courent très-vite et très-long-
temps avant de prendre leur essor. Ils comptent avec raison sur leur
agilité, qui est très-remarquable, ainsi que la grâce qu'ils déploient
dans leur fuite.

Le courlis cendré a les pieds bruns, tandis que le courlis corlieu
les a verdâtres. Il niche sur les plages et dans les endroits marécageux, et pond quatre ou cinq œufs très-gros et très-ventrus, d'un
jaune un peu verdâtre et sale. Ces œufs sont parsemés de taches ir-
régulières qui varient du gris au noir. Le grand diamètre est de
0^m,060 à 0^m,064, et le petit de 0^m,048 à 0^m,052. Les jeunes courlis
peuvent se suffire à eux-mêmes, et dès qu'ils sont éclos, ils ne reçoi-
vent aucun soin de leurs parents. Leur nourriture se compose de
limaçons, de vers, de lombrics et de petits mollusques. « Les courlis
paissent dedans les prairies humides des achées, qu'ils tuent avec le bec
hors de terre, comme aussi mangent toute manière de vermine. »
(BELON, p. 204-205.) D'après la relation de plusieurs officiers de
marine, la chair du courlis cendré, très-estimée dans certaines
contrées, serait même regardée à Terre-Neuve comme un mets
royal ou impérial. Cependant généralement elle est peu appréciée
en Europe, parce qu'elle conserve un goût trop prononcé de marécage.

COURLIS CORLIEU. — NUMENIUS PHÆOPUS.

La notice consacrée à cet échassier sera courte; ses mœurs diffèrent peu de celles du précédent, et deux des noms qui lui sont
donnés ont déjà été expliqués. L'épithète *corlieu* est encore une
onomatopée représentant le cri particulier à ce courlis. « Il a gaigné
son nom de son cri, car en volant, il prononce : *corlieu.* » (BELON.)
L'adjectif *phæopus* retrace un des caractères qui distinguent le
corlieu de ses congénères. Cette dénomination est composée de
PHAÔN, PHAÔNOS « brillant, » et POUS, PODOS « pied, » et indique
que le corlieu a les pieds d'une couleur plus brillante, plus pro-
noncée que ceux du cendré; ses pieds sont en effet verdâtres ou
plutôt *plombés*. Le corlieu vit dans les endroits marécageux et sur

le bord des rivières ; il se nourrit de petits mollusques, de vers, etc.
Son nid est confié aux prairies humides ou aux bords marécageux
des cours d'eau. La femelle pond quatre ou cinq œufs, plus petits
et surtout plus allongés que ceux du précédent. Leur couleur, d'un
olivâtre sombre, est parsemée de taches noirâtres et d'un brun
foncé. Ces taches sont beaucoup plus multipliées vers le gros bout
que sur le reste de la coquille. Le grand diamètre varie de $0^m,058$ à
$0^m,060$, et le petit de $0^m,046$ à $0^m,048$.

L'extrémité du long bec du corlieu est pourvue de nerfs d'une
grande sensibilité qui lui permettent de sentir sa proie lorsqu'il fouille dans les terrains boueux. Ces échassiers vivent en
petites bandes ; lorsqu'ils sont poursuivis, ils s'élèvent en l'air en
poussant de grands cris, et tourbillonnent en rond au-dessus de la tête
du chasseur, sans toutefois se laisser approcher facilement. Dans
cette espèce, le père et et la mère témoignent une grande sollicitude
pour leurs petits ; quand ceux-ci sont découverts, leurs parents
viennent à leur secours en voltigeant autour de la tête de leurs ennemis, en les enlaçant de cercles qu'ils décrivent avec une très-
grande rapidité et qu'ils accompagnent de cris répétés, confus et
assourdissants. Quant aux petits, ils présentent alors un spectacle
curieux : ils se sauvent le plus vite possible, et dans leur course in-

habile, se culbutent, se renversent les uns sur les autres ; on dirait des enfants inexpérimentés montés sur des échasses et marquant chacun de leurs pas par une chute. Puis, lorsqu'ils sont tombés, pour échapper à la vue de leurs ennemis, ils cachent leur tête dans les trous qui se trouvent sur leur passage, un peu comme l'autruche enfonçant sa tête dans le sable du désert pour se dérober à la vue de ceux qui la poursuivent.

BÉCASSE ORDINAIRE. — SCOLOPAX RUSTICOLA.

Le nom attribué à cet oiseau a eu pour but de représenter la forme du bec qui en est le caractère le plus significatif. La tête de la bé- casse lui donne une physionomie toute particulière ; ronde et d'une grosseur presque démesurée, placée sur un corps auquel elle ne semble pas unie par le cou, elle est dotée de deux yeux proémi- nants et très-développés, et enfin elle porte un bec double de la lon- gueur de cette tête. Le mot *bécasse* est donc formé de *bec* et de l'an- cien français *acée* ou *asée*, d'où l'on a formé *hache*, qui dérive du vieux latin *accia*, lui même dérivé du grec ΑΧΙΝΕ, « la hache. » Tous ces mots semblent avoir pour racine première le sanscrit *aksh*, signifiant « pénétrer » ; c'est donc la forme du bec de la bécasse, forme si remarquable et que nous allons étudier, qui a déterminé les savants à lui donner le nom sous lequel elle est connue. C'est le même motif qui l'a fait appeler par les Latins *scolopax*, expression dérivant du grec scolopax et dont la racine est scolops « pieu dont on perce la terre. »

Je copie textuellement un passage de M. H. de la Blanchère, et j'y trouve de nouveau une preuve bien évidente de l'infinie sagesse de la providence de Dieu.

« L'organe le plus remarquable de la bécasse est son bec. Cet admirable instrument est tout à la fois un *doigt*, un *nez* et un *bec*. Plus long que la tête de l'oiseau, il est droit ou légèrement infléchi vers la terre, cylindrique dans sa plus grande étendue, mais renflé à son extrémité qui est molle et couverte d'une multitude de petites cavités que l'on a comparées, avec raison, à celles qui recouvrent le nez d'un chien. La mandibule supérieure porte, en outre, une rainure plus ou moins marquée de chaque côté et partant des narines.

« La structure de ce bec a cela de remarquable que, outre les nerfs olfactifs qui le parcourent dans toute sa longueur et se réunissent à son extrémité — ce qui m'a fait dire que c'était un *nez*, — il est muni d'une paire de muscles destinés à un mécanisme tout particulier — ce qui m'a fait dire que ce bec était un *doigt*. — Car au moyen de ces muscles, quand la bécasse a enfoncé son long bec dans la vase ou dans la terre molle pour y saisir l'insecte ou le ver que son *bec-nez* lui a fait sentir et qu'elle ne manque jamais, l'extrémité seule de cet organe a la faculté de s'entr'ouvrir pour saisir sa proie. Après quoi, une fois le bec soustrait à l'extrémité de la terre, il s'ouvre tout à son aise pour engloutir, d'un mouvement insensible de succion, le butin qu'avait saisi son extrémité.

« Quel merveilleux organisme ! Il paraît prouvé que les petits creux semés à l'extrémité du bec, ordinairement humides pendant la vie — mais se desséchant et disparaissant après la mort — sont le siége d'un odorat d'une finesse dont nous ne pouvons avoir une idée. En effet, aidé par lui, l'oiseau découvre à une profondeur assez grande dans la vase ou dans la terre mouillée, la senteur d'un petit ver ou d'une larve d'insecte. Prodigieux ! Et en dedans du bec voyons cette langue à pointe aiguë, longue, sans doute préhensible, et enlaçant, comme une pince intelligente, les vers que l'extrémité des mandibules vient de saisir. »

Cette belle description due à la plume savante de M. H. de la Blanchère, et qui montre d'une manière si évidente l'attention de la providence de Dieu se révélant dans les plus petits détails de l'organisme des oiseaux, rend encore plus sensibles et plus vraies les remarques que j'ai faites à l'occasion des mœurs de l'apteryx. Elle démontre aussi combien les ornithologistes ont eu raison de chercher dans le bec de la bécasse le caractère qui devait servir à déterminer cet oiseau.

L'épithète *rusticola,* employée par le plus grand nombre des auteurs pour désigner la bécasse ordinaire, pourrait être la réunion de *rusticè* « en campagnard. » et *colere* « habiter, » et signifier « oiseau qui se tient à la campagne, ou bien une expression irrégulièrement formée du verbe *rusticor* « demeurer à la campagne. » Mais cette explication ne me semble pas la véritable. *Rusticola* a été employé pour *rusticula* qu'on trouve dans les anciens traités d'ornithologie ; dès lors *rusticula* serait simplement un adjectif ajouté à *gallina* sous entendu et signifierait alors « poule champêtre, poule sauvage. » Cette interprétation serait fondée sur les formes de la bécasse, qui se rapprochent de celles des petites poules. Forcellini a inscrit dans son Dictionnaire ces mots de Columelle : « Rusticula id est *gallina rustica ;* la bécasse, c'est-à-dire la poule rustique. » *Rusticula* n'est du reste qu'un diminutif de *rustica.*

De plus, Belon (liv. V, pag. 272), dit : « les Grecs la nomment xilon nita. c'est-à-dire *poule de bois.* Gaza fuyant son vulgaire grec, lui fait un nom latin à son plaisir, la nommant *gallinago.* » Pour compléter cette notice, il me reste à parcourir plus en détail les mœurs si intéressantes de la bécasse, dont la physionomie paraît stupide, mais qui nous révélera des prodiges de sublime dévouement et de tendresse maternelle. La bécasse habite les hautes montagnes boisées de l'Europe, d'où elle descend dès que le froid se fait sentir, c'est-à-dire vers le mois d'octobre ou de novembre ; elle entreprend alors isolément des voyages longs et réguliers qui s'étendent du pôle à l'équateur. Un vieux dicton populaire dit :

« A la Saint-Denis
Bécasses en tous pays. »

C'est-à-dire le 9 du mois d'octobre. Dans leurs voyages, ces échassiers sont assez souvent forcés par la lassitude de s'abattre sur les navires où ils deviennent la proie des matelots. Quelquefois emportés par la violence des vents, ils viennent, dans certaines contrées, se briser la tête contre les verres des phares aux gardiens desquels ils procurent de véritables ressources. Quand le froid est très-intense, les bécasses se cantonnent près des sources chaudes. Dans les conditions ordinaires, les bécasses ne volent pendant le jour que quand on les y force. Par sa couleur, par ses habitudes, la bécasse se rapproche des oiseaux semi-nocturnes. Elle ne voit bien que lorsque le crépuscule lui vient en aide : c'est ce qui explique sa sortie des bois quand les ténèbres commencent à se répandre sur la terre.

Ses organes visuels et proéminents sont admirablement conformés pour la concentration des rayons confus du crépuscule. C'est alors qu'elle parcourt les terres nouvellement labourées, et qu'elle se dirige avec une grande rapidité vers les lieux humides où elle trouve facilement sa nourriture ordinaire. Quand elle est cantonnée dans les forêts, elle tourne et retourne avec une grande adresse les feuilles tombées à terre, et les soumet à un examen minutieux pour capturer les insectes et les vers qui étaient cachés sous ces feuilles. Cet oiseau est le seul avec le héron-blongios, dans l'Ordre des Échassiers, dont le tarse soit emplumé, ce qui indique qu'il n'est pas destiné à pénétrer dans les rivières, mais seulement dans les terrains humides, et à vivre sur les bords des petits cours d'eau. Là il se nourrit de vers, d'insectes, de limaçons, etc. Dans les terres molles, la bécasse extrait avec une grande habileté, au moyen de son bec qui lui sert de sonde, les vers qui y sont cachés.

La bécasse court très-vite pendant le jour, et ne vole d'elle-même que lorsque la nuit est venue : quand on la force à s'envoler, elle s'élève en l'air en décrivant des zig-zags, puis s'abat dans les clairières pour se réfugier plus loin sous les cepées, et se tapir à terre sur des feuilles desséchées avec la couleur desquelles s'harmonisent les teintes de son plumage. Dans cette position elle laisse le chasseur passer près d'elle sans faire le moindre mouvement. Lorsqu'elle est blessée, elle se dérobe assez souvent à la poursuite du chasseur par une série de stratagêmes.

Quand la bécasse se pose à terre, elle étale souvent sa queue comme si elle faisait la roue ; c'est un moyen bien simple de diminuer la secousse que lui ferait ressentir l'interruption subite de son vol.

Dès lors que la bécasse vit ordinairement dans les bois et qu'elle s'y reproduit, elle devrait être classée parmi les oiseaux des forêts ; mais ce qui s'oppose à une telle classification, c'est que cet échassier ne se perche jamais. La bécasse niche à terre, dans un petit enfoncement naturel, recouvert de feuilles sèches et quelquefois de brins d'herbes, et le plus souvent près des tas de fagots qui se trouvent dispersés dans les grands bois ou dans les taillis. La femelle pond de trois à cinq œufs très-ventrus, d'une couleur jaune sale, parsemés de taches rousses et cendrées ; leur grand diamètre est de $0^m,040$ à $0^m,044$, et leur petit de $0^m,024$ à $0^m,026$.

L'encyclopédie d'histoire naturelle du Dr Chenu (Oiseaux, 6e partie, pag. 204), relate les assertions d'un ornithologiste qui affirme « avoir trouvé un nid de bécasse dont la femelle ne pouvait consentir à s'éloigner du berceau de sa future famille et qui s'aplatissait sur ses œufs toutes les fois qu'il s'approchait. Il ajoute avoir vu souvent le mâle couché près de sa compagne, les deux oiseaux appuyant leurs becs sur le dos l'un de l'autre. »

Un certain nombre de ces nids ont été trouvés en Anjou ; j'ai reçu plusieurs fois des œufs de bécasse, que M. le comte Walsh de Serrant et d'autres propriétaires avaient eu la bienveillance de m'envoyer. Si les nids de ces bécasses ne sont pas capturés plus souvent, si même on a douté longtemps que cet oiseau se reproduisît en Anjou, c'est que sa ponte a lieu de très-bonne heure, en février ou en mars, lorsque les fagots ne sont pas encore enlevés des forêts.

Quand on pénètre dans ces forêts pour recueillir le bois, les petites bécasses ont déjà quitté leur berceau. Cependant quelques naturalistes prétendent que la bécasse fait plusieurs pontes chaque année, et ils fondent leur opinion sur ce que l'on trouve dans certaines localités des nids de ces oiseaux jusque dans le mois d'août. Ces dernières couvées pourraient être celles des oiseaux dont les premières n'auraient pas réussi, et sous ce rapport la bécasse rentrerait dans la règle générale.

Nous venons de constater que la bécasse niche dans les forêts, dans les taillis, et que d'un autre côté elle quitte chaque fois ces forêts, ces taillis pour aller, plus ou moins loin, chercher sa nourriture dans les lieux humides ou près des petits cours d'eau. Dès lors se présente une sérieuse et très-grave difficulté : comment cet oiseau pourra-t-il procurer à ses petits une nourriture abondante, s'il est condamné à multiplier des courses très-longues et par conséquent très-fatigantes pour apporter un grand nombre de fois des vers, des insectes capturés à des distances considérables ? Il a donc fallu que la bécasse fût douée d'un instinct qui lui permît de résoudre ce problème. Dieu n'a pas manqué à son œuvre, et il a inspiré à cet oiseau un véritable dévouement pour ses petits. Chaque soir donc, le père et la mère de la jeune famille vont à la recherche d'un lieu offrant de grandes ressources en insectes et en vers de toute espèce ; puis quand ils ont trouvé cette mine féconde, ils reviennent rapidement près de leurs petits et commencent aussitôt le déménagement de la jeune famille ; le père et la mère se mettent à l'œuvre et transportent leurs petits près des ressources découvertes ; là, ils peuvent leur procurer une nourriture abondante sans s'exposer à des courses multipliées et très-pénibles. Puis quand le véritable repas de la journée est terminé, les parents transportent une seconde fois leur progéniture dans leur berceau. Le transfert de la jeune famille est un fait certain, dont la nécessité s'explique par l'impossibilité où se trouveraient les bécasses de nourrir leurs petits, s'il n'avait pas lieu. Comment s'exécute-t-il ? Là est la difficulté. Les anciens auteurs prétendaient que la bécasse se servait de son bec pour emporter ses petits ; ce moyen est peu admissible. D'autres ont affirmé avec pas plus de raison qu'elle les emportait sur son dos. Des naturalistes ont affirmé avoir vu des mères transporter leurs petits avec le secours de leurs pattes, et enfin d'autres ont constaté que la bécasse opérait le déménagement de la jeune famille en serrant les oisillons entre sa gorge et son bec. Le père et la mère ont recours aux mêmes moyens pour éloigner, pendant le jour, leur jeune famille du danger qui la menace. Dans le cours de l'année, la bécasse est muette, si ce n'est au moment où l'hymen se contracte entre le mâle et la femelle. Les bécasses font alors entendre, en se poursuivant dans l'air et en décrivant lentement des cercles concentriques qui se croisent et s'enlacent d'une manière continue, un cri que l'on peut représenter d'une manière bien imparfaite par ce mot : *crrróu, crrróu....* C'est ce cri qui a déterminé à nommer *croule* la chasse que l'on fait aux bécasses à cette époque de l'année. Le chasseur caché dans les taillis situés près des terres humides, pourra tirer les bécasses qui tournoient au-dessus de sa tête, et multiplier ses coups jusqu'à ce que les victimes soient tombées sous son plomb meurtrier. A cette époque, le sentiment qui anime les bécasses les fait triompher de toute crainte, même de celle de la mort.

Dans le temps de leur migration, on rencontre quelquefois des troupes nombreuses de bécasses dans la même localité ; cependant elles ne voyagent pas par bandes, elles s'envolent isolément, et elles arrivent les unes après les autres dans les localités qui leur offrent le plus de ressources. On a remarqué souvent une très-grande différence de taille dans les bécasses, ce qui a déterminé plusieurs naturalistes à en reconnaître deux ou trois espèces. Cette distinction n'est pas fondée ; mais on constate dans ces oiseaux, comme dans beaucoup d'autres, des variétés, des races, dont les différences dépendent de l'âge des individus et surtout des localités qu'ils habitent ; car ces localités, par la nourriture plus ou moins abondante qu'elles procurent, par les variations mêmes d'un climat plus ou moins rigoureux, peuvent et doivent exercer une grande influence sur le développement des proportions de l'oiseau et même sur certaines nuances de son plumage. La bécasse s'apprivoise facilement. Voici un passage cité dans l'*Encyclopédie d'histoire naturelle* du Dr Chenu (Oiseaux, 6e partie, pag. 207), « A l'ombre d'un pin et de quelques arbrisseaux coule à Saint-Ildefonse, en Espagne, une fontaine qui entretient constamment l'humidité du sol ; on y apporte le terreau frais le plus riche en vers qui s'enfoncent et se cachent en vain ; la bécasse les découvre, soit à quelque ébranlement léger, peut-être à son odorat ; elle enfonce son bec dans la terre jusqu'à la narine et le retire toujours emportant un ver qu'elle déploie dans toute sa longueur en relevant le bec, et qu'elle avale petit à petit par un mouvement presque insensible. » En tout temps elle a été un mets très-recherché par les gastronomes qui ont eu recours à toutes les inventions de l'art culinaire pour augmenter encore le parfum ou la délicatesse de ce gibier. Voici ce que disait Belon, il y a plus de trois siècles : « C'est à bon droit qu'en la cuisant tout ce qu'on réserve de meilleur pour lui faire la saulse est ce qu'on jecte ès autres oyseaux, sçauoir est, ses excrements avec les trippes » (liv. V, pag. 273). Donc du temps du savant médecin et ornithologiste du Mans, les gastronomes appréciaient à un point de vue exceptionnel la bécasse et la *saulse* dont on l'accompagnait. De nos jours, les disciples de saint Hubert qui se piquent de gastronomie, préparent la tête de la bécasse avec une *saulse* que moi profane j'aurais pu manger, même le Vendredi-Saint, sans être exposé à faire autre chose qu'un véritable sacrifice et une sérieuse mortification. On fend la tête de la bécasse dans la longueur du crâne ; puis, quand la cervelle est à jour, on sépare les deux parties de la boîte osseuse, l'on se munit d'une chandelle de *suif* que l'on fait fondre de manière à ce que le suif brûlant se mêle à la cervelle et remplisse entièrement le crâne. On referme le tout et l'on promène avec délicatesse la tête de la bécasse sur la flamme d'une bougie en la tournant entre ses doigts, de manière à ce que le bec de l'oiseau fasse l'office d'une broche de rôtissoire. Enfin, quand l'exécutant pense que la cervelle et le suif se sont harmonisés de manière à ne faire qu'un seul tout, on subdivise rapidement ce mets délicieux et l'on sert chaud ! Malheur alors au convive inexpérimenté qui aurait l'audace de ne pas trouver exquise la tête de la bécasse ainsi préparée, il serait bafoué et avec raison, car il prouverait que depuis Belon le goût culinaire aurait rétrogradé !

D'après un texte de Martial, il paraît que chez les Romains les bécasses étaient plus communes et moins chères que les perdrix.

> *« Rustica sim, an perdix, quid refert, si sapor idem est ?*
> *Carior est perdix : sic sapit illa magis. »*

« Que je sois bécasse ou perdrix, qu'importe, si je suis un mets aussi friand ?
« La perdrix est plus chère, voilà ce qui la rend plus délicate. » (Martial, liv. XIII, épig. 76.)

Bécassine ordinaire. — Scolopax gallinago.

Les mots *Bécasse, Scolopax* ayant été expliqués dans la notice précédente, et les mœurs des bécassines se rapprochant beaucoup de celles de leur congénère, je n'aurai que quelques lignes à ajouter pour compléter les détails que réclame la tâche que je me suis imposée.

La dénomination *bécassine* étant un diminutif indique évidemment que l'oiseau qu'elle représente est plus petit que la bécasse ; elle en diffère non-seulement par sa taille, mais encore par son tarse beaucoup plus élevé et par le bas des jambes qui est dénudé au-dessus de l'articulation tibiale. Ce caractère indique que les bécassines sont destinées beaucoup plus que les bécasses à pénétrer dans les petits cours d'eau et à circuler dans les prairies humides. Aussi la bécassine ne fréquente-t-elle pas les taillis et les bois, et se tient-elle toujours sur les bords des étangs marécageux ou des prairies situées près des rivières.

Les bécassines ne vivent pas ordinairement en société ; le besoin seul les réunit ; leurs formes sont plus élancées et plus gracieuses que celles de la bécasse. La bécassine niche à terre dans un petit enfoncement garni de quelques feuilles ou de quelques filaments de plantes, à l'abri d'une touffe d'herbes ou d'un buisson. La femelle dépose dans ce nid grossièrement préparé quatre ou cinq œufs piriformes ou ventrus. Leur couleur d'un brun roussâtre foncé est parsemé de taches noirâtres, plus nombreuses ordinairement vers le gros bout, et reliées entre elles par des traits noirs disséminés en zig-zag. Le grand diamètre varie de 0^m,038 à 0^m,040, et le petit de 0^m,028 à 0^m,030. Le mâle seul se perche et, pendant que la femelle couve ses œufs, s'élève en l'air à une hauteur considérable pour redescendre avec la rapidité de la balle et s'arrêter au-dessus du berceau de la future famille en déployant ses ailes qui lui servent de parachute. Pendant ces évolutions aériennes, il répéte un chant, du reste assez monotone, et sous ce rapport il est le seul chanteur de l'ordre des Échassiers. En dehors du chant que la bécassine aime à redire au moment de la nidification, elle fait entendre un petit sifflement quand elle s'envole. Puis elle répète une espèce de bêlement plaintif qui l'a fait nommer par les paysans, dans quelques contrées, *chèvre céleste, chèvre volante*. Comme toutes les autres bécassines, elle vole contre le vent. Quant à la délicatesse de sa chair, Toussenel la proclame, avec l'accent d'une profonde conviction, le premier rôti du monde !

L'expression *gallinago*, qui sert à désigner la bécassine ordinaire, me semble être un diminutif de *gallina*, et signifier « petite poule, » ou être un composé de *gallina* « poule, » et *ago* « faire, imiter la poule. » Cette double interprétation pourrait s'appuyer sur le passage cité précédemment, dans lequel Belon dit que les Grecs désignent la bécasse sous le nom de « *poule de bois*, » dès lors la bécassine serait la *petite poule*.

Je transcris ici quelques détails intéressants que me transmet l'un de mes anciens élèves, M. Henri Bry, actuellement contrôleur des contributions directes du canton de Chalonnes : « Pendant mon séjour à Mâcon, en 1858, je fus invité, dans les premiers jours de septembre, à une partie de chasse à courre dans la montagne (la montagne par opposition à la Bresse, la plaine). En parcourant les monts et les vaux, je fus surpris de voir se lever, sous mes pieds, des bécassines qui par leur plumage me parurent être en jeune âge. Naturellement ce fait singulier me fit demander des explications. J'appris que, vers le mois de mai, les bécassines s'établissent dans les *courbes* situées près des sources d'eau chaude. Ces oiseaux profitent d'un pas de vache voisin des rigoles destinées à dessécher la prairie ; là elles assemblent quelques brins d'herbe et y font leur couvée. Quant au mot *courbe*, il signifie le lieu où finit la pente de la montagne et où commence la vallée. M. Richard, percepteur, qui comme moi s'est livré dans sa jeunesse à des courses ornithologiques, m'a dit avoir trouvé dans le Limousin deux nids de bécassines dans des conditions identiques à celles que je viens de décrire. J'avais fait le projet de retourner au mois de mai suivant vers les lieux où je pensais trouver un trésor; mais l'homme propose et Dieu dispose. Au mois d'octobre 1858, on m'appelait en Anjou. »

Bécassine double. — Scolopax major.

Cette bécassine doit aux dimensions de sa taille les adjectifs qui, en français et en latin, servent à la caractériser. Ses formes sont moins gracieuses que celles de la précédente. Beaucoup plus rare dans nos contrées que la bécassine ordinaire, elle se plait à habiter dans les vastes marais de la Pologne et de la Russie, et cependant elle préfère les bords des eaux vives à ceux des eaux stagnantes. On la trouve en assez grand nombre dans certaines parties de la Sibérie. Quand le froid se fait sentir d'une manière intense dans ces contrées désolées par les rigueurs de l'hiver, la double bécassine entreprend des voyages dans les pays méridionaux, et visite même l'Algérie. Ordinairement elle accomplit ses pérégrinations seule, et quelquefois en petites bandes. Quand on la force à s'envoler, elle part sans pousser aucun cri. La femelle pond trois ou quatre œufs dans un nid composé de quelques brins de petits joncs et qu'elle établit dans les marécages de la Sibérie et dans ceux du nord de l'Allemagne. Ces œufs d'un roux clair et quelquefois verdâtre sont parsemés de taches et de points noirs. Leur grand diamètre est de $0^m,040$ à $0^m,042$, et le petit de $0^m,030$ à $0^m,032$. Les véritables œufs de la double bécassine sont très-difficiles à se procurer, et leur prix, assez élevé, l'est beaucoup plus que celui des œufs de tous les oiseaux de cette famille. Ils ont donné lieu à des fraudes commerciales. Ceux de la bécassine ordinaire varient tellement de forme et de grosseur qu'ils peuvent servir à tromper les ovologistes inexpérimentés. Ce qui peut encourager encore cette fraude, c'est que le prix de vingt de ces œufs n'égale pas celui d'un seul œuf de la bécassine double.

Bécassine sourde. — Scolopax gallinula.

Je retrouve ici l'idée énoncée déjà dans les notices précédentes, et l'épithète *gallinula* « petite poule, » exprime toujours, d'après une racine qui se diversifie, le même point de vue sous lequel les bécassines ont été envisagées. Cette bécassine, plus petite que ses congénères, est assez répandue dans notre département, qu'elle traverse en automne et au printemps. Elle aime à se cacher dans les herbes des prairies humides et sur les bords des cours d'eau. Là, elle se nourrit de vers, d'insectes aquatiques qu'elle capture avec beaucoup d'adresse. Elle doit l'épithète de *sourde* à une habitude qui la caractérise bien. Cette bécassine se laisse approcher de si près, qu'elle ne part que sous les pieds du chasseur ou des chiens qui l'accompagnent ; dès lors, elle a paru être *sourde*, c'est-à-dire ne pas entendre le bruit qui aurait dû lui révéler le danger qui la menaçait. Quand elle part, son vol est plus régulier que celui de la bécasse et des autres espèces de bécassines, il est moins formé de crochets en zig-zag. Cet échassier se reproduit en Sibérie et même dans quelques régions tempérées de l'Europe. La femelle choisit de vastes marécages et y établit son nid composé de quelques petits joncs et de débris de plantes aquatiques ; elle y dépose quatre ou cinq œufs assez ventrus, d'un brun olivâtre ou d'un brun jaunâtre, parsemés de taches d'un cendré noirâtre et de points de même couleur qui assez souvent forment, par leur réunion vers le gros bout, une calotte noire. Leur grand diamètre varie de $0^m,032$ à $0^m,034$, et le petit de $0^m,023$ à $0^m,025$. Ces œufs sont très-difficiles à se procurer, et la fraude que j'ai déjà signalée précédemment se reproduit, hélas ! souvent à leur sujet. La bécassine *sourde* pourrait aussi être appelée *muette*, car elle ne pousse aucun cri quand elle s'envole. Sa chair est considérée comme très-délicate, et pour quelques gastronomes, elle disputerait même la palme à la bécassine ordinaire.

Barge a queue noire. — Limosa melanura.

Les barges sont des oiseaux tristes, timides, aimant à se tenir cachés dans les roseaux et dans les hautes herbes des endroits marécageux. Elles vivent de vers, de larves, d'insectes aquatiques qu'elles capturent en fouillant dans tous les sens, avec leur long bec, les boues et les sables vaseux. Ce long bec est mou, flexible, parcouru dans toute sa longueur par des rainures profondes qui contribuent à développer en lui une grande délicatesse de tact, et vient en aide à l'oiseau pour lui faire trouver sa proie.

Les différents noms qui ont été donnés à la barge rappellent d'une manière très-caractéristique son habitude principale et une variété de son plumage. *Barge* est la traduction d'un mot de basse latinité, *bargia, barga*, pris dans le même sens que *barca*, qui ainsi que le précédent dérive du grec ʙᴀʀɪѕ, signifiant « canot, » et d'où l'on a fait *barque.* Dans l'ancien français, une *barge* était une petite barque, et sur les bords de la Loire, *barge* signifie encore une barque à voile carrée qui sert à la pêche.

« Anne de Boulen fut arrêtée dans sa *barge,* lorsqu'elle revenait de Greenwich. » (Lᴀʀʀᴇʏ.)

> « Comme un vilain, on le fait charrier,
> « On le met en *barge* marinier. »
>
> (*Le Songe creux.*)

La barge était donc un petit bateau pénétrant là où les vaisseaux ne pouvaient naviguer : « *Barca est quæ cuncta navium commercia ad litus portat,* la barge ou la barque est une espèce de canot qui sert à transporter au rivage le chargement des navires. » (Iѕɪᴅ., liv. XIX, ch. ɪ.) Ce bateau recevait aussi les soldats qui voulaient faire une descente sur le territoire ennemi, et qui se trouvaient forcés de quitter les navires pour gagner le rivage au moyen de barques plates et pouvant pénétrer même dans les vases des bords de la mer. Pourquoi alors a-t-on nommé *barge* l'oiseau que nous étudions ? Le motif de cette dénomination me paraît facile à donner. Les naturalistes, et plus encore les marins, ont vu un trait de ressemblance entre les barques pénétrant, stationnant dans les vases profondes du rivage de la mer et des embouchures des rivières, et les oiseaux qui y fixaient leur séjour habituel, et ils ont désigné par un seul nom et les barques et les oiseaux. Quant au mot *limosa,* il rappelle la

même idée et la rend plus sensible encore, car il dérive de *limus,*
signifiant « boue, fange, limon, » et convenant dès lors parfaitement à l'oiseau qui cherche et trouve sa nourriture dans les vases
des rivages de la mer, ce qui l'a fait appeler par les marins « la bécasse de mer. » Enfin, pour compléter et rendre encore plus sensible le rapport qui existe entre les barges et le nom des lieux
qu'elles habitent, il est convenable d'ajouter que le mot *barge* signifiait aussi, dans l'ancien français, la fosse destinée à recevoir l'eau
des gouttières et dès lors à contenir un terrain boueux détrempé par
la pluie. Quant à l'adjectif *melanura,* il représente la même idée
que les mots « *à queue noire;* » il est composé de MELAS, MELAINA
« noire, » et OURA « queue. » Le vol de la barge est rapide, sa voix
perçante, criarde, glapissante. Dans cette espèce, le mâle est plus
petit que la femelle, et tous les deux, ils sont soumis à différentes
mues. La barge niche dans les joncs et dans les hautes herbes des
prairies humides ; la femelle pond ordinairement quatre œufs piriformes, de couleur olive un peu foncée ; ils sont parsemés de taches
d'un brun pâle et toujours plus nombreuses et plus foncées vers le
gros bout. Quelques-unes de ces taches semblent être effacées et se
confondre avec les nuances de la coquille. Le grand diamètre est de
0ᵐ,054 à 0ᵐ,062, et le petit de 0ᵐ,036 à 0ᵐ,040 ; les dimensions
que je viens d'indiquer prouvent que ces œufs varient beaucoup, et
cette variation donne souvent lieu à bien des fraudes.

BARGE ROUSSE. — LIMOSA RUFA.

Cette barge, plus petite que la précédente, s'en distingue encore
par les nuances de son plumage, nuances caractérisées par les deux
épithètes *rousse* et *rufa* exprimant la même idée. Ses habitudes
sont celles de sa congénère ; comme elle aussi, elle visite les climats
tempérés, quand l'hiver fait sentir ses rigueurs dans les régions
qu'elle habite ordinairement. Le plumage de cet échassier est soumis, chaque année, à deux mues. Le plumage des mâles se revêt au
printemps d'une nuance de roux très-prononcée ; celui des femelles
subit cette modification beaucoup plus tard. Ce sont ces variations,
se renouvelant plusieurs fois chaque année et à des époques diffé-

rentes, selon les sexes, qui ont donné lieu à des erreurs multipliées. C'est ainsi qu'une troisième espèce de barge a été admise, puis rejetée, admise de nouveau et enfin rejetée décidément par tous les naturalistes. Il a été constaté que la troisième barge n'était que la femelle de la *barge à queue noire* revêtue de sa livrée d'été. Cette espèce fictive avait été appelée la *Barge de Meyer*, *Limosa Meyeri ;* elle avait été dédiée par Temminck au savant Hermann de Meyer, né en 1801 à Francfort-sur-le-Mein, et qui se livra particulièrement à l'étude de la géologie et de la paléontologie.

La barge rousse se reproduit dans les contrées septentrionales de l'Europe et dans quelques parties de la Hollande et de l'Angleterre ; elle établit son nid dans les endroits les plus marécageux et y dépose quatre œufs piriformes moins allongés que ceux de l'espèce précédente. Leur couleur est roussâtre et parsemée de taches d'un roux plus foncé et même d'un brun noir ; elles sont plus multipliées vers le gros bout. Le grand diamètre est de 0m,054 à 0m,060, et le petit de 0m,035 à 0m,036.

Bécasseau cocorli. — Tringa subarquata.

Aux barges succède, dans la Faune de Maine-et-Loire, le groupe des *bécasseaux,* dont le nom indique, entre les oiseaux qu'il représente et la bécasse, certaines analogies en même temps que des dimensions plus petites. En effet, tous les oiseaux réunis sous le nom de *bécasseau,* sont généralement de petite taille ; ils s'éloignent des bécasses par un bec moins dilaté et sans sillon médian à l'extrémité, par des ailes plus étroites ; ils diffèrent des Chevaliers et des Barges par des jambes moins élevées et surtout par l'absence des palmes aux doigts. Les bécasseaux aiment à parcourir les sables qui bordent les mers, à visiter les flaques d'eau, les prairies humides et les terrains marécageux. Leur bec qui est mou et flexible dans toute son étendue, même à la pointe, annonce qu'ils sont destinés à ne chercher leur nourriture que dans l'eau, dans les vases ou dans les terres et les sables détrempés, et non dans les terrains durs et dessechés. Leur nourriture se compose de vers mous, d'insectes aquatiques et de petits mollusques ; pour capturer leur proie ils pénétrent dans l'eau jusqu'au genou, en élevant les ailes. Les bécasseaux parcourent les sables avec une très-grande rapidité, et leur course est très-gracieuse ; souvent aussi ils suivent le mouvement des flots, et recueillent les vers que la mer laisse à découvert, quand elle rentre dans son sein. Lorsque ces ressources leur manquent, les bécasseaux poursuivent les mouches, les insectes terrestres, les petits scarabées ; mais cette nourriture n'est pour eux qu'accidentelle. Ces oiseaux vivent ordinairement en sociétés plus ou moins nombreuses ; souvent même ils se mêlent aux troupes de petits pluviers et de chevaliers. Leur vol est très-bizarre, il ressemble à celui des bandes d'étourneaux ; c'est une série de lignes brisées, sans qu'on puisse comprendre le motif de ces zig-zags, ni deviner si le vol va continuer ou être interrompu. Ces détails nous éloignent de la question étymologique et je les continuerais même bien volontiers, imitant en cela l'élève qui diffère le plus possible d'aborder une question difficile qu'il doit traiter. Mais enfin il faut se résigner.

Les bécasseaux sont désignés par tous les ornithologistes sous le nom de *tringiens* ou *tringinés,* dont la racine est *tringa.* Dans les glossaires anciens et nouveaux je lis *tringa,* « nom latin du bécasseau et principalement du *combattant.* » Je suis donc condamné à chercher un rapport entre l'expression *tringa* et les mœurs des bécasseaux, et surtout de celle du *combattant.* Une double tâche m'est imposée ; je vais essayer de remplir immédiatement la première partie, et je remettrai la seconde à l'article du bécasseau *com-*

battant. Le mot *tringa* étant écrit dans les anciens auteurs *tryngas*, indique que la racine primitive de cette expression latine doit se trouver dans la langue grecque. Pendant toute l'année, lorsqu'ils courent ou s'envolent, les bécasseaux poussent des cris aigus, stridents ; mais ces cris constituent une harmonie formidable au moment de la nidification. A cette époque, les bécasseaux donnent, sur les rivages de la mer ou des vastes marais, des concerts capables de fatiguer même les oreilles les plus blindées ; leur nom pourrait donc, sous ce rapport représenter, indiquer leur cri désagréable et dériver du grec τριζώ, τrissô, signifiant « crier d'une manière fatigante. » Je n'ai pour appuyer cette hypothèse qu'un texte d'Aristote, « *trygon* dicitur etiam avis quædam solo hoc nomine nota quæ ex turturum genere fuisse videtur, ita dicta a stridore quæ edit. » — « On appelle aussi *trygon* un certain oiseau, connu seulement sous ce nom, et qui paraît être du genre des tourterelles ; on le nomme ainsi du cri strident qu'il pousse. » La racine grecque est τριζώ, τrissô, crier. Est-ce à ce cri, qui s'entend de très-loin et que les bécasseaux font entendre en s'élevant assez haut dans les airs et quelquefois même perpendiculairement, que ces oiseaux doivent leur nom vulgaire, *alouettes de mer ?*

Lorsque je rédigerai la notice du Combattant, je soumettrai à l'appréciation de mes lecteurs une autre hypothèse, et je m'y croirai d'autant plus autorisé, que le mot *tringa* désigne d'une manière spéciale le *combattant,* et que ce n'est que par extension que cette expression a été appliquée à tous les bécasseaux. Quant à l'épithète *subarquata* ajoutée à *tringa,* elle est composée de *sub* « au-dessous » et *arquata* « courbé en forme d'arc, » et indique que le bec du *bécasseau* cocorli est sensiblement recourbé à sa pointe et en dessous, et qu'il a la forme d'un arc. Le nom vulgaire *cocorli* est je crois une onomatopée, représentant d'une manière incomplète le cri de cet échassier.

Le bécasseau cocorli traverse notre département à l'époque de ses migrations, car, comme tous ses congénères, il se livre aux grands voyages. Il habite les rivages des mers du Nord, et c'est dans les régions arctiques, sur le bord des eaux qu'il se reproduit. La femelle pond trois ou quatre œufs d'un gris jaunâtre ou verdâtre, parsemés de points ou de taches d'un brun qui varie du roux au noir. Le grand diamètre est de 0^m,036 à 0^m,038, et le petit de 0^m,024 à 0^m,026. Dans cette espèce, comme dans toutes celles des autres bécasseaux, dès que les petits sont sortis de la coquille, ils courent et peuvent se suffire à eux-mêmes. C'est pour cette raison que les œufs des oiseaux qui n'ont pas de nid proprement dit, sont beaucoup plus gros que ceux des autres espèces, afin que le petit, naissant plus fort, puisse se livrer immédiatement, après sa naissance, à des courses nécessaires pour se dérober aux poursuites de ses ennemis , ennemis d'autant plus nombreux que la privation d'un nid caché ou fortifié livrerait les petits sans défense à toutes les attaques.

BÉCASSEAU BRUNETTE. — TRINGA VARIABILIS.

Les mœurs des différentes espèces de bécasseaux s'harmonisant entre elles, je n'aurai à traiter que la question étymologique, car les habitudes décrites précédemment peuvent s'appliquer dans leur ensemble aux bécasseaux qu'il nous reste à étudier. L'épithète *brunette*, servant à désigner le bécasseau qui nous occupe, indique la couleur de l'ensemble de son plumage ; « elle est formée du mot *brun*, dérivant lui-même d'une ancienne expression scandinave, *bruni*, signifiant « incendie, feu, ce qui est noirci par le feu. » (Littré.) On retrouve dans le Chaldéen et dans le Celtique la même racine et la même idée ; du chaldéen *ur* on a formé en latin *urere* « brûler, etc. » et du celtique *br* dérive « briller, brûler, brassier, brunir, brun. »

Quant à l'adjectif *variabilis*, il peut s'appliquer très-exactement aux œufs, au plumage et même aux proportions de ce bécasseau. Les nuances du plumage du bécasseau brunette se modifient, selon les saisons et même selon les sexes, de telle manière que ces variations ont donné lieu à beaucoup de distinctions, qui ne reposaient pas sur les données de la véritable science ornithologique. De plus, cette espèce renferme des sujets dont les proportions sont très-différentes; c'est ce qui a déterminé plusieurs auteurs à nommer *bécasseau de Schinz, tringa Schinzii,* une variété du bécasseau brunette qui paraît être une race plus petite et non une espèce véritablement différente de l'autre. Le pays de prédilection du bécasseau brunette est le nord de l'Europe; cependant il habite la Suisse et même il s'y reproduit, ce qui lui a mérité le nom d'*alpina,* « bécasseau des Alpes. » Pendant l'hiver, cet échassier émigre dans le midi de l'Europe et jusque dans l'Afrique septentrionale. Le bécasseau brunette niche sur les bords des lacs, sur les montagnes élevées. La femelle pond quatre ou cinq œufs un peu piriformes; leur couleur est verdâtre, ils sont parsemés de taches et de points d'un brun noir ou d'un gris roux; les nuances de ces œufs varient beaucoup, ainsi que leurs dimensions. Le grand diamètre est de $0^m,032$ à $0^m,035$, et le petit de $0^m,022$ à $0^m,025$. Quelquefois ce bécasseau est désigné sous le nom de *bécasseau à collier*, à cause des taches brunes qui se déroulent sur la couleur blanchâtre de son cou.

BÉCASSEAU TEMMIA. — TRINGA TEMMINCKII.

Ce bécasseau, qui est désigné quelquefois sous le nom de *pusilla* « petit » est, avec le *bécasseau échasses,* le plus petit de tous les oiseaux de ce groupe qui habitent l'Europe. Le *temmia* doit son nom à l'ornithologiste hollandais, célèbre par ses ouvrages d'histoire naturelle et aussi pour la critique spirituelle que Toussenel s'est plu à faire de toutes les classifications formulées par Temminck. Ce bécasseau habite l'Angleterre, la Hollande, l'Allemagne; il traverse la France, au printemps et en automne. Il se nourrit de vers et même de petits coquillages; pour les saisir, il pénètre dans l'eau jusqu'aux ailes, qu'il tient élevées au-dessus de sa surface, et dans cette position il se livre à une course rapide. Quand il s'est emparé d'une petite coquille, il élève la tête et secoue sa proie avec une grande adresse pour en faire tomber l'eau qui s'y est introduite et pouvoir ensuite la manger plus facilement. Le temmia vit en petites bandes, et le soir, il parcourt avec une grande vitesse et en poussant de petits cris les bords des rivières ou des marais jusqu'à ce qu'il ait trouvé un lieu favorable pour y passer la nuit. Il y a quelques années, j'étais dans les marais de la Baumette, avec M. Mangeon, l'ancien maître de chapelle de la cathédrale ; le froid se faisait déjà vivement sentir, c'était vers la fin du mois de novembre, et la nuit commençait à nous envelopper de ses ténèbres. Nous poussions notre frêle embarcation à travers les roseaux et les longues herbes des bords de la Maine pour regagner le rivage, lorsque nous remarquâmes une petite troupe de cinq échassiers qui tourbillonnait non loin de nous et dont le vol en zig-zag et très-rapide nous parut assez curieux. Nous suspendîmes notre manœuvre pour jouir des évolutions de ces oiseaux ; ces évolutions se continuèrent assez longtemps en décrivant une série de lignes brisées que nous ne pouvions expliquer et dans lesquelles ces bécasseaux se tenaient le plus près possible les uns des autres. Cependant, ces échassiers se maintenaient toujours à une assez grande distance de nous, enfin ils s'en rapprochèrent un instant ; M. Mangeon en profita pour tirer un coup de fusil qui abattit deux victimes. L'une d'elles tomba dans les herbes et ne put être retrouvée à cause des ténèbres de la nuit, l'autre fait maintenant partie de la collection du musée d'Angers. Le bécasseau temmia ne se reproduit que dans les contrées boréales de notre continent et principalement dans la Laponie. C'est par erreur que le vénérable doyen des études ornithologiques en Anjou, M. Millet de la Turtaudière, a dit dans sa Faune, que le temmia dépose ses œufs sur les grèves de la Loire ; il a confondu les œufs de ce bécasseau, qu'il n'avait pas étudiés, avec ceux du petit pluvier à collier. Le prix très-élevé des œufs du temmia suffirait pour démontrer l'erreur de M. Millet ; car les œufs qu'il attribue à ce bécasseau sont très-communs sur les sables de notre beau fleuve, et c'est par centaines que je les ai trouvés. La femelle du bécasseau temmia pond trois ou quatre œufs de couleur olivâtre ou noirâtre, parsemés de taches et de points d'un brun roux ou même d'un noir assez prononcé. Leur grand diamètre est de 0ᵐ,026 à 0ᵐ,028, et le petit de 0ᵐ,018 à 0ᵐ,020. Dans les différents envois qui m'ont été faits de la Laponie et des autres contrées du nord de l'Europe, j'ai remarqué de grandes variations dans les nuances et dans les dimensions des œufs du bécasseau temmia ; variations qui peuvent servir à les confondre facilement avec les œufs des autres espèces de petits bécasseaux.

Bécasseau petit ou Échasses. — Tringa minuta.

Ce bécasseau a les mêmes habitudes que le précédent, avec lequel il peut être assez facilement confondu ; cependant ses proportions sont encore un peu plus petites ; c'est ce qui justifie l'épithète *minuta* « petit. » Quant à la dénomination *échasses*, elle est motivée par la dénudation de ses jambes et par la longueur de ses tarses, qui sont un peu plus élevés que ceux du temmia. Il semble dès lors, à cause de sa petite taille, être monté sur des jambes de bois, sur des échasses. Ainsi que la plupart de ses congénères, le *bécasseau petit* habite les contrées septentrionales de l'Europe et de l'Asie, qu'il abandonne pendant la saison rigoureuse de l'hiver pour se livrer à de grandes migrations. Il se reproduit dans les vastes marécages de la Sibérie du Nord ; ses œufs, au nombre de trois ou quatre, sont d'un jaune verdâtre et quelquefois noirâtre, parsemés de taches et de points d'un brun roux variant jusqu'au noir. Leur grand diamètre est de 0ᵐ,027 à 0ᵐ,029, et le petit de 0ᵐ,019 à 0ᵐ020. Ces œufs sont encore beaucoup plus rares que ceux du temmia, dont ils se rapprochent par la forme et par les nuances de la coquille.

Bécasseau canut ou maubèche. — Tringa cinerea.

Le bécasseau *maubèche* est le plus gros des oiseaux de son genre, mais il est loin d'en être le premier par son intelligence. Cet échassier semble courir au devant du danger, sans le craindre et même sans le soupçonner. Il se jette aveuglément dans tous les piéges ;

aussi d'innombrables bécasseaux sont-ils capturés sur toutes les plages des mers où ils abordent, pour se reposer, dans leurs migrations lointaines. Il suffit d'un maubèche pour attirer dans les piéges, même les moins déguisés, des bandes considérables de ces oiseaux. Le nom de *maubèche*, sous lequel ce bécasseau est ordinairement désigné, paraît composé d'un vieux mot français, *mau*, pour *mal*, *mauvais*, et de *bèche*, transformation de *bec*. *Maubèche* signifierait alors « mauvais bec, » et, dans un sens figuré, « mauvaise langue ou langue inutile, impuissante. » Dans le pre-

Bécasseau canut ou maubèche.

mier sens, *maubèche* indiquerait que cet échassier serait moins bien doté que ses congénères et que son bec serait plus court; signification qui se justifierait, puisque le bec du bécasseau maubèche est à peine aussi long que sa tête. Dans le deuxième sens, il indiquerait, ce qui est vrai, que cet oiseau ne se sert pas de sa langue, puisque, contrairement à l'habitude des autres bécasseaux, il ne jette de cri que très-rarement, lorsqu'il court ou lorsqu'il vole. Quant à l'épithète *canut*, je pense pouvoir l'appliquer au bécasseau maubèche dans le sens où Littré l'emploie pour les ouvriers de Lyon. Selon ce savant membre de l'Institut, le nom de *canut* donné à l'ouvrier en soie, pourrait venir de *cannette*; or cannette est un diminutif de *canne*, dérivant du latin *canna* et du grec κάννα, κάννη « jonc, roseau. » Si le nom donné à l'ouvrier se justifiait parce qu'il se sert de roseaux pour se livrer à son travail, ne pourait-il pas se justifier, à plus forte raison, quand il désigne un oiseau qui vit dans les endroits marécageux, dans les terrains plantés de roseaux? De plus, le *maubèche*, non-seulement cherche sa nourriture dans les terrains couverts de longues herbes et de roseaux, mais encore il y établit son nid, composé lui-même de quelques débris de ces plantes. La femelle pond quatre ou cinq œufs ventrus, d'un gris verdâtre un peu roux, et parsemés de taches et de points d'un brun noir plus ou moins foncé. Leur grand diamètre varie de 0^m,036 à 0^m,040, et le petit de 0^m,028 à 0^m,030.

Le maubèche habite ordinairement les terrains marécageux du cercle arctique, qu'il abandonne quand le froid devient trop intense. L'adjectif *cinerea* « cendré » représente les nuances de l'ensemble du plumage du maubèche, composé de blanc rayé de noir et de brun. D'après cette dernière explication, on pourrait peut-être prendre *canut* dans un sens différent de celui que j'ai indiqué et faire dériver cette expression du vieux mot français *canu* ou *chanu*, employé autrefois pour désigner l'homme qui avait des cheveux blancs ou gris semés de blanc, et alors *canut* et *cinerea* auraient la même signification, et le mot français ne serait plus qu'une traduction vieillie du latin.

BÉCASSEAU VIOLET. — TRINGA MARITIMA.

La première question à résoudre au sujet de ce bécasseau, dont la notice étymologique est très-facile, est celle-ci : cet échassier visite-t-il notre département? Doit-on lui concéder le droit de passage? Des naturalistes, des chasseurs, ont constaté sa présence en Anjou ; je lui donne dès lors d'autant plus volontiers le droit de cité qu'il est bien difficile d'admettre que, dans ces troupes innombrables de bécasseaux de toute espèce qui entreprennent régulièrement de lointains voyages, il ne s'en trouve pas quelques-uns de ceux qui se dirigent ordinairement vers d'autres contrées. Les circonstances dépendant de la rigueur du froid, de la violence, de la direction du vent, ne doivent-elles pas modifier quelquefois l'itinéraire habituel de ces troupes voyageuses? De plus, si j'admets facilement que le *bécasseau violet* visite notre département, c'est que les noms sous lesquels il est désigné n'augmenteront pas sérieusement mon labeur. L'épithète *violet* retrace l'ensemble des nuances de son plumage. Quant à l'adjectif *maritima*, « maritime, » il indique que ce bécasseau, plus encore que ses congénères, fréquente les bords de la mer. Il aime

Bécasseau violet.

effectivement à parcourir les sables des rivages et les bords boueux des cours d'eau; mais on le trouve rarement dans les eaux stagnantes des marais. Il vit de frai de poisson, d'insectes et de petits coquillages. Quand il est poursuivi, il se blottit à terre et ne part souvent que sous les pieds du chasseur. Dans ses migrations il voyage seul ou par couple, mais rarement en troupes nombreuses. Ce bécasseau se reproduit dans les contrées les plus voisines du pôle Nord. La femelle dépose, sur le sable des rivages, trois ou quatre œufs allongés et un peu piriformes, d'une couleur gris−olivâtre, striés de taches de dimensions très-variées. Ces taches d'un roux ou d'un noir pâle sont entremêlées de petits points noirs d'une nuance beaucoup plus foncée. Assez souvent ces taches forment une calotte vers le gros bout. Le grand diamètre est de 0^m,035 à 0^m,037, et le petit de 0^m,023 à 0^m,025.

BÉCASSEAU COMBATTANT. — TRINGA PUGNAX.

Le bécasseau dont je vais décrire les nuances sert de trait d'union entre les *tringiens* et les *chevaliers*; même par l'ensemble de ses habitudes il semblerait appartenir plutôt aux seconds qu'aux premiers, et cependant il est le véritable type des bécasseaux, puisque le nom de *tringa* lui a été donné d'une manière toute spéciale, et qu'il n'a été appliqué aux autres bécasseaux que par extension. C'est donc dans les mœurs du *combattant*, que nous devons trouver les notions nécessaires pour découvrir la véritable étymologie du mot *tringa*; étymologie que nous avons déjà essayé d'indiquer. Dans cette espèce les mâles sont beaucoup plus nombreux que les femelles, et lorsque le moment de contracter l'hymen approche, les femelles se procurent le malin plaisir de n'accepter pour s'unir à elles que les preux vainqueurs de leurs concurrents. A cette époque de l'année chaque mâle « commence par se cravater le col d'une fraise resplendissante dont les dentelles débordent sur sa poitrine, envahissent peu à peu les épaules, la tête et finissent par couvrir tout le devant du corps d'une housse mobile, inquiète, animée, frissonnante. C'est la cotte de mailles du nouveau chevalier, c'est son armure de corps. » (Toussenel, Ornithologie passionnelle, 1re partie, 3e édition, page 411.) Quant à la couleur de cette armure, non-seulement elle se diversifie dans chaque individu, mais encore chaque année, de sorte que l'on ne peut rencontrer deux combattants dont le bouclier soit revêtu des mêmes nuances. Lorsque l'armure est complète, les combats commencent avec un entrain véritablement chevaleresque. Pendant que les mâles se disputent l'avantage de pouvoir trouver des compagnes, celles-ci, réunies en troupes assez nombreuses, assistent aux tournois dont elles doivent être la récompense, et excitent par de petits cris l'ardeur des batailleurs. Quand l'un d'eux est vaincu, il prend la fuite pour cacher la honte de sa défaite ; il suffit alors qu'il rencontre dans sa course une femelle dont les cris semblent lui jeter un défi ironique, pour qu'il revienne sur ses pas et recommence, avec une énergie nouvelle et presque sauvage, un combat dont la conséquence sera encore souvent un second revers. Ces combats individuels se continuent pendant plusieurs semaines, et ils sont suivis et entremêlés de batailles rangées, dans lesquelles un certain nombre de combattants s'unissent pour attaquer une troupe d'adversaires plus heureux qu'eux dans les luttes particulières. Ces batailles ont lieu assez régulièrement, un peu comme les exercices du camp de Châlons, le matin et le soir ; ce sont les deux moments de la journée les plus favorables, où les troupes peuvent se livrer à des évolutions longues et pénibles. Les bécasseaux combattants s'avancent donc en colonne serrée, les uns contre les autres, chacun développant sa collerette, son armure le plus possible, afin d'en dérouler toutes les nuances brillantes aux regards des femelles, et pour présenter un bouclier plus étendu aux coups de son adversaire. Quand la lutte commence, chaque combattant tend la tête en avant pour que son bec blesse ou tienne à distance son congénère ; et pour effrayer encore davantage son compétiteur, il dresse les plumes de sa tête en forme de huppe, développe ses yeux le plus qu'il lui est possible, et se donne la physionomie d'un chef de tribu sauvage. Après des passes et des contre-passes, selon les règles d'une véritable stratégie, la mêlée générale finit toujours par la retraite de l'un des deux bataillons qui laisse sur le champ de combat plusieurs estropiés. Quand le nombre de ces derniers est devenu assez considérable, l'équilibre se rétablit entre les sexes, et alors les hymens se contractent, pendant que les vaincus promènent leurs regrets et leur honte sur les rivages solitaires. Les détails que je viens de donner suffisent surabondamment pour justifier les épithètes *pugnax*, « combattant, » données à ce bécasseau, et semblent indiquer la véritable étymologie du mot *tringa*. Dans le dictionnaire d'Alexandre, on trouve TRYNGAS, nom d'un oiseau, «le vanneau peut-être?» Or ce mot paraît avoir une analogie très-grande avec THRIGOS et THIRINKOS « chaperon, mantelet de rempart » et THRIGKOÔ «entourer d'une fortification. » Dès lors le mot *tringa*, employé d'abord pour désigner d'une manière spéciale le combattant, indiquerait que ce combattant porte dans les combats une espèce de mantelet, de rempart, qu'il est entouré d'une apparence de fortification, de blindage, et signifierait en quelque sorte *«le blindé, le cuirassé.»* Accepté dans ce sens, le mot *tringa* exprimerait une idée très-caractéristique et très-vraie. Après le temps de la nidification, le combattant conserve un peu de son humeur guerroyante, et cette humeur est partagée par les femelles, et pour quelques vers, pour quelques insectes, pour la possession d'une partie de plage ou d'une flaque d'eau, des combats se multiplient et deviennent même sérieux, surtout s'il y a des spectateurs dont la présence excite l'amour-propre des adversaires. *Tringa* alors ne serait-il pas un mot dévrivé de *trico*, verbe de basse latinité signifiant « chicaner, quereller? » Quelques auteurs ont donné à cet échassier une épithète qui, sous une autre forme, représente la même idée ; ils le nomment *philomachus*, de PHILEÔ « j'aime » et MAKHÉ « combat. » Le combattant ne conserve sa collerette, sur laquelle se dessine les figures et les couleurs les plus variées, que pendant trois à quatre mois de l'année; quand la saison de la nidification est passée, le mâle revêt un plumage peu brillant et semblable à celui de la femelle. C'est peut-être à cause de ce changement complet de plumage, que l'on attribue aux femelles l'humeur guerroyante des mâles, car les deux sexes ne peuvent alors être distingués. C'est encore cette modification profonde dans la livrée du combattant, qui a donné lieu à beaucoup d'erreurs et à des distinctions d'espèces qui n'existaient pas. Ce bécasseau traverse chaque année notre département, et quelques couples ont niché dans les marais de l'Authion, près Beaufort. Peut-être étaient-ce des estropiés qui, après les combats dans lesquels ils avaient été blessés, s'étaient vus condamnés à ne pas suivre leurs congénères dans leurs longues migrations. La femelle dépose sur quelques débris de joncs ou d'herbes, dans les terrains marécageux, quatre ou cinq œufs ventrus et un peu piriformes, d'un gris verdâtre ou jaunâtre ; ils sont parsemés de taches d'un brun variant du roux au noir ; les dimensions et les nuances de ces œufs sont très-différentes. Le grand diamètre est de 0^m,040 à 0^m,044, et le petit de 0^m,030 à 0^m,033. Le bécasseau combattant se laisse approcher très-facilement, et souvent il ne part, comme la bécassine sourde, que sous les pieds du chasseur. Il aime à se tenir appuyé sur un tarse, et quand il veut changer de place, il s'avance en sautant à cloche-pied. Sur les rivages des mers, les marins lui ont donné le nom de *paon de mer*, expression qui est peu exacte, car la collerette seule de ce bécasseau est revêtue de couleurs brillantes pendant quelques mois de l'année, et jamais sa queue ne porte les ornements de l'oiseau consacré à Junon. Cette expression ne pourrait se justifier que dans le sens *d'orgueilleux*, et sous ce rapport elle aurait une grande vérité. Grâce au concours intelligent et persévérant de M. Deloche, habile conservateur du musée, la collection ornithologique d'Angers renferme une des plus belles et des plus riches collections de combattants en livrée de noces. Elle se compose de trente sujets, dont les armures sont entièrement différentes, et qui varient du noir au blanc et du gris au rouge.

Chevalier arlequin. — Totanus fuscus.

En commençant à expliquer les noms des oiseaux groupés sous
la dénomination de *chevalier*, je me trouve en face de nouvelles
difficultés étymologiques, dont la solution, si elle peut être plausible,
ne sera pas sans intérêt et servira à combattre un certain nombre
de croyances erronées. Le principal caractère qui sépare les Chevaliers des Bécasseaux proprement dits, est la solidité de leur bec, qui
leur permet de vivre et de chercher leur nourriture dans les terrains
secs. La nourriture de ces oiseaux varie selon les espèces; ils vivent
de vers, d'insectes, de frai de poisson, de mollusques, de petits
crustacés, quelquefois de poissons et même d'algues. Leur vue est
très-perçante, ils aperçoivent à des distances considérables les plus
petits insectes ; ils manifestent une patience soutenue pour attendre
leurs victimes. Leurs tarses très-élevés constituent leur deuxième
caractère distinctif et leur permettent de s'avancer dans l'eau à une
certaine profondeur ; puis, quand ils ont capturé quelque proie, ils
annoncent leur succès par un mouvement de queue et par un petit
cri de satisfaction qui attire leurs congénères et les engage à venir
partager leur découverte.

C'est à ce dernier caractère, c'est-à dire à la hauteur de leurs
tarses que ces oiseaux doivent leur nom, ainsi qu'à leur allure libre,
dégagée, et à leur course rapide. Voici le texte de Belon :
« Les Français voyant un oysillon haut encruché dessus ses jambes
quasi comme étant à cheval, l'ont nommé *chevalier*. Il est très-bien
muny de bonnes plumes qui est cause qu'il a moindre charnure
qu'il ne paraît. Cette petite corpulence montée sur si hautes
échasses chemine gaiment et court moult légèrement. » (Liv. IV,
pag. 207.) *Chevalier* est donc synonyme de *Cavalier*, et *cavalier* dérive de caballès « cheval, » qui lui-même vient du latin *caballus*
et se lie au sanscrit *tchpaala*, signifiant « rapide. » Dès lors, le mot
chevalier, employé pour désigner les oiseaux qui nous occupent, est
une expression très-juste rappelant l'idée et de leurs longs tarses qui
paraissent donner à ces échassiers la hauteur d'un cavalier assis sur

son cheval, et en même temps l'idée de leur course aussi rapide que celle des chevaux.

Pourquoi a-t-on donné à la première espèce de *chevalier* le surnom d'*arlequin?* Avant d'entrer dans la discussion de l'étymologie de ce nom, je dois dire que le chevalier qu'il désigne est déterminé dans la langue latine par l'adjectif *fuscus*, signifiant « brun, noirci, » et servant à faire connaître les nuances du plumage de cet échassier. La racine du mot *arlequin* devra donc, probablement, renfermer quelque analogie avec cette idée de « brun, de noirci par le feu. » D'après Ménage, *arlequin* dérive de l'italien *arlechino*. Cet auteur pense que des comédiens italiens étant venus en France, sous Henri III, et l'un d'eux ayant visité M. Harlay de Chauvalon, fut appelé *harlequino*, d'après l'usage qui donne le nom des maîtres aux valets. Je laisse bien volontiers à Ménage le bénéfice d'une pareille étymologie, et pour ne pas trop m'exposer à de nouveaux avertissements, je préviens mes lecteurs que je ne la leur donne que *sous toutes réserves*. Quant à l'étymologie qui suit, je la salue de tout cœur! qu'elle soit la bienvenue! D'après Genin, « *hellequin, herlequin, arlequin* n'est autre que l'*alichino* de l'Enfer de Dante, ou le *diable*, diable assez connu pour devenir un personnage de théâtre. » (*Variations du langage français*, p. 460 et suivantes.)

L'opinion de Genin vient se fortifier encore de l'autorité de A. de Chevalet. Voici ce que je lis dans l'Origine et la Formation de la langue française (2e édit., tom. I, pag. 405). « Hellequin, fantôme fameux au moyen âge. Il passait pour un démon malfaisant, conduisant à sa suite une légion d'autres démons que l'on appelait la *mesnie Hellequin*, la *famille de Hellequin*. Hellequin signifie étymologiquement *fils de l'enfer*, du tudesque *helle, hella, hello* « enfer » et de *kind, kint* « fils, enfant. »

Dans le nouveau Recueil des Contes, etc.; publié par M. Jubinal (tom. I, pag. 284), on lit cette piquante description de l'avocat :

> « Avocats portent grand dommage,
> « Pourquoi mettent leur âme en gage
> « Lor langue est pleine de venin :
> « C'est la mesnie *Hellekin*.

« Avec eux portaient deux bières
« Où il avait gens trop avable
« Pour chanter la chanson au diable ;
« Il i avoit un grand jaiant
« Qui aloit trop forment braïant,
« Vestu de ert et de bon boissequin ;
« Je crois que c'estoit *Hellequin*,
« Et tuit li autre sa *maisnie*
« Qui le suivent toute enraigie. »

(Roman de Fauvel, cité par M. P. Paris dans les Mémoires de la bibliothèque du roi, t. I, p. 325).

« On appelait *milites hellequinii* la mesnie d'Hellequin », mesnie en vieux français signifie famille. Le cimetière d'Arles où furent enterrés des martyrs et où se livra un si grand combat était consi-déré au moyen âge comme étant très souvent visité par la mesnie d'Hellequin ; les tombeaux s'ouvraient, la terre se soulevait, etc. Ces lieux étaient censés visités et bouleversés par des *hellequins* ou par des *diables*.

Pierre de Blois compare certains ecclésiastiques vaniteux aux fantômes de la mesnie hellequin, ombres formées de vent et d'un peu de nocturne vapeur. (Opp. 22, col. 2.)

Le mot *mesnie* dérive du vieux latin *mansionata*, formé de *mansio* « maison. »

« Et sur ce, je supplie Notre-Seigneur de vous donner et à vostre *mesnie* toute consolation. » (Marg. Lettre 129).

Il me paraît suffisamment démontré, par les citations précédentes, qu'il serait inutile de multiplier encore, que les expressions *arle-quin*, *hellequin* ont la même signification, et que toutes les deux elles représentent des *diables*, des *fils de diables*. Il me reste à dire pourquoi le chevalier, dont je rédige la notice, a été surnommé *arle-quin* ou *hellequin*, et quel trait de ressemblance peut exister entre cet échassier et le diable et la mesnie du diable.

Toutes les espèces de chevaliers émigrent en troupes considé-rables, soit qu'ils quittent leurs plages de prédilection pour aller visiter des climats plus doux pendant les rigueurs de l'hiver, soit qu'ils retournent dans les contrées où doivent au printemps se contracter leurs hymens. Chaque espèce forme une bande à part et semble obéir à un chef.

Quand, pendant les nuits sombres plusieurs de ces bandes, composées de bien des milliers d'individus, viennent à se rencontrer, il en résulte une mêlée épouvantable, dans laquelle tous les rangs sont rompus et les espèces confondues. Pour pouvoir retrouver ses congénères et rentrer dans ses bataillons respectifs, chaque chevalier pousse des cris qui vont toujours *crescendo* et constituent un véritable charivari infernal ; on dirait toute la mesnie d'Helle-quin se livrant à la rage d'un combat d'enfer. Dans le mois de février 1857, une de ces mêlées eut lieu, pendant la nuit, au dessus de la ville d'Angers, et plusieurs personnes furent réveillées en sursaut et crurent à une émeute dont les clameurs confuses allaient se perdre dans les airs. M. le docteur Dumont vint le lendemain me demander quelques renseignements sur le vacarme aérien dont il n'avait pu connaître la cause. Plusieurs chevaliers blessés et recueillis dans les prairies et dans les marais de la Baumette furent apportés à M. Deloche, conservateur du Musée ; ils prouvaient que le choc entre les différentes troupes de chevaliers avait été terrible, et qu'ils s'étaient frappés d'*estoc* et de *taille*. Ces luttes aériennes sont connues dans tous les pays, depuis bien des siècles, et ont donné lieu à beaucoup de légendes ; aussi est-ce à tort que le vénérable M. Millet, dans sa Faune, semble attribuer ces croyances seulement aux personnes crédules de l'Anjou ; voici ce passage (t. II, p. 299) : «C'est dans ce cri répété par chaque individu de ces différentes troupes, que les *personnes crédules de l'Anjou* ont cru reconnaître une chasse toute particulière qui s'effectue dans les airs et à laquelle ils ont donné le nom de *Chasse Hennequin*, en lui attribuant des choses aussi merveilleuses qu'absurdes, mais surtout pour certaines espèces dont la voix forte et éclatante, en imitant, quoique imparfaitement, l'aboiement du chien, ne leur laisse aucun doute sur leur croyance. » Une espèce de chevalier, que nous étudierons plus tard, est surnommé l'*aboyeur ;* dès lors sa voix a pu dans cette circonstance être considérée comme celle des chiens de la mesnie du diable. Il me paraît donc assez naturel que, puisque la croyance populaire attribuait la lutte que je viens de décrire à la famille Hellequin, les naturalistes se servissent de ce nom pour désigner un des principaux auteurs de ce vacarme infernal, et qu'ils nommassent *arlequin* ou *hellequin* le premier membre du groupe des chevaliers ; ce nom lui convenait d'autant mieux que c'est le chevalier dont le plumage est le plus sombre et même d'un brun enfumé, surtout lorsqu'il est revêtu de sa livrée d'été.

Le *Magasin pittoresque* (année 1853, page 252) a raconté, sous le titre de *Traditions des Vosges*, une légende sur la *Mesnie d'Hellequin*, regardée dans ce pays comme étant le présage de grands malheurs.

Pour compléter ma tâche étymologique, en ce qui concerne le chevalier arlequin, il me faudrait indiquer la racine du mot *totanus*, sous lequel il est désigné dans la langue des savants. Cette racine, quelle est-elle ? Je l'ignore et je ne puis formuler à ce sujet que de simples hypothèses. Dans tous les glossaires de haute et de basse latinité, on lit : « *totanus*, » nom latin du chevalier. Cette réponse est loin d'être satisfaisante. Je pense que *totanus*, de récente latinité, a été formé de l'italien *totano*, mot qui sert à désigner dans cette langue les oiseaux d'eau. Cette dernière expression serait-elle dérivée par corruption de *tosto* signifiant « vite, prompt, rapide, » et ayant alors le même sens que *chevalier ?*

La terminaison du mot *totanus* semblerait indiquer l'habitat, et dès lors cette expression, comme beaucoup de celles employées pour caractériser les oiseaux, rappellerait la localité où les chevaliers ont été étudiés, ou bien celle où on les trouve en grand nombre. Or, Totana étant une ville d'Espagne de la province de Murcie, l'expression *totanus* semblerait indiquer que les chevaliers sont assez multipliés dans cette contrée.

Je laisse à d'autres la solution de ce problème, et je termine par quelques détails sur les mœurs et sur la nidification du chevalier arlequin. Cet échassier, comme tous ses congénères, paraît toujours inquiet quand il parcourt les rivages de la mer ou les bords des cours d'eau ; il s'arrête à la moindre apparence de danger, et, comme le célèbre chevalier espagnol, il n'est brave que quand il n'y a pas de péril. Lorsque, sous l'impression de la crainte, il se dispose à prendre son vol, il s'y prépare par un mouvement saccadé et successif, et imprime à tout son corps un balancement en avant et en arrière.

Afin de n'être point surpris par ses ennemis, le chevalier arlequin confie à des sentinelles vigilantes le soin d'avertir ses congénères de l'approche du danger. Cette fonction est remplie avec une très-grande exactitude, et dès qu'il y a même une simple apparence de péril, un cri très-accentué se fait entendre, et toute la troupe cherche son salut dans une fuite précipitée, en rasant la surface du sol et de l'eau et en s'élevant ensuite, avec la rapidité d'un éclair, pour disparaître dans les airs.

Le chevalier arlequin vit d'insectes aquatiques, de petits limaçons, etc. Il paraît se complaire à marcher et à courir dans l'eau, en s'y plongeant jusqu'au ventre. Il peut facilement être réduit en captivité, et, dans les jardins, il capture avec une grande adresse toute espèce de vers et d'insectes. Sa chair est très-appréciée des gastronomes.

Le chevalier arlequin se reproduit dans les vastes marécages du nord de l'Europe. La femelle pond de trois à cinq œufs. M. Gerbe, dans sa savante *Ornithologie européenne,* où il s'est plu avec tant de soin et d'exactitude à décrire les œufs de tous les oiseaux et à indiquer les dimensions et les nuances de leur coquille, avoue que les œufs du chevalier arlequin lui sont inconnus.

Plus heureux que M. Gerbe, j'ai reçu une vingtaine de ces œufs, dans les différents envois qui m'ont été faits par des naturalistes allemands, et je puis dès lors combler cette lacune.

La couleur de la coquille est d'un jaune olivâtre plus ou moins foncé et souvent un peu verdâtre ; elle est parsemée dans toute sa superficie de taches d'un brun roux ou noirâtre ; les unes sont d'une nuance très-prononcée ; les autres, d'une nuance beaucoup plus pâle, paraissent être, en quelque sorte, une seconde couche de la couleur de la coquille, couche plus accentuée que la première. Ces œufs sont piriformes ; leur grand diamètre varie de $0^m,042$ à $0^m,045$, et le petit de $0^m,030$ à $0^m,032$.

CHEVALIER GAMBETTE. — TOTANUS CALIDRIS.

L'ensemble des mœurs du chevalier ayant été décrit précédemment, je me bornerai, dans les notices consacrées à chaque espèce, à
relater les détails particuliers qui s'harmonisent avec les dénominations servant à les représenter.

L'expression vulgaire *gambette* dérive d'un vieux mot français
signifiant *jambes*, et indique que cet échassier, selon la naïve remarque de Belon, « est un *oysillon haut encruché dessus ses iambes.* »
Quant à l'adjectif *calidris*, le même auteur ajoute en parlant du
chevalier gambette : « Il est blanc par dessous le ventre, cendré par
la teste et par dessus le col, grieulé dessous les œlles et la queuë.
Ceste est la raison pourquoy il nous a semblé que c'est luy qu'A-
ristote a nommé *calidris*, car au troisième chapitre du huitiesme
livre des Animaux, il dit : Quin etiam *calidris cui* cinereus color
distinctus variè. » (Belon, liv. IV, pag. 207.) Cet auteur se trompe ;
le chevalier gambette est différent du chevalier gris. L'épithète *calidris* dérive du grec CHALIX « petite pierre, petit caillou, » et indique
que le chevalier auquel elle est donnée fréquente les sables des rivages plus souvent que ne le font la plupart de ses congénères.

D'un caractère peu farouche, le gambette aime la société de ses
semblables, et il ne trouve jamais une nourriture un peu abondante
sans inviter par un cri très-accentué ses congénères à venir s'associer à son festin. L'invitation est toujours acceptée, et l'on voit le
nombre des convives s'augmenter rapidement, sans qu'il y ait
des luttes, comme parmi beaucoup d'autres espèces d'oiseaux. Le
chevalier gambette préfère les eaux salées aux cours des fleuves,
préférence que vient encore justifier sa dénomination *calidris*, car
les flots de la mer se déroulent ordinairement sur d'immenses plages
de sable et de gravier.

Cet échassier niche dans les prairies marécageuses. Ses œufs, au
nombre de quatre ou de cinq, sont ventrus. Leur couleur, d'un roux
clair et d'un jaune verdâtre, est parsemée de taches noirâtres ou

brunes plus ou moins foncées. Le grand diamètre est de 0^m,047 à 0^m,049, et le petit de 0^m,031 à 0^m,033.

Une des habitudes du chevalier gambette, qu'il partage du reste avec un grand nombre d'oiseaux d'eau, est de boire souvent, d'aimer à se baigner et surtout à se laver très fréquemment les pieds et les *jambes*. Le soin de propreté est, pour le gambette comme pour ses congénères, un moyen puissant de conserver son agilité, il débarrasse ainsi ses pieds et ses tarses de la vase et de tout ce qui pourrait entraver sa course, en rendant ses *jambes* plus pesantes.

CHEVALIER CUL-BLANC. — TOTANUS OCHROPUS,

Le nom vulgaire donné à ce chevalier se justifie par les nuances des plumes de sa queue. Celle-ci est coupée carrément et marquée de trois ou quatre bandes transversales, noirâtres, sur ses pennes intermédiaires. Ces bandes diminuent en nombre et en largeur jusqu'à la penne la plus externe qui se trouve souvent toute blanche. Quant à l'adjectif *ochropus*, il indique d'une manière peu exacte la couleur des pieds de cet échassier. Il est composé de OCHROS « pâle, jaune pâle » et POUS « pied ; » cependant la véritable couleur des pieds de ce chevalier est d'un *cendré verdâtre*. Le cul-blanc est très-répandu dans notre département ; il vit isolé ou par petites troupes de deux à trois individus. On le rencontre sur le bord des marais, des fossés, des étangs entourés de bois. Il est très-défiant, et s'envole dès qu'il aperçoit au loin le moindre danger. Il jette alors un petit cri très-aigu, et décrit, en s'élevant dans les airs, des zigzags accompagnés pendant quelque temps de ces mêmes cris qui se rapprochent de ceux de l'hirondelle. Je l'ai vu souvent plonger dans l'eau des marais, pour saisir les petits vermisseaux, en élevant les ailes au-dessus de l'eau et en les agitant avec un frémissement accompagné de cris de satisfaction.

Plusieurs savants allemands ont constaté que cette espèce niche dans les vieux nids de merle, etc. Malgré cette autorité, il est généralement admis que le cul-blanc dépose ses œufs à terre, au milieu des herbes touffues, ou sous un épais buisson au bord de l'eau.

ou enfin parmi les pierres ou sur le sable des rivages solitaires.

Ce nid est parfaitement dissimulé, car il a échappé jusqu'à ce moment-ci aux recherches des ornithologistes angevins ; et cependant le chevalier cul-blanc niche en Anjou ; on y rencontre de temps en temps, vers la fin de juin, des couvées qui accompagnent leurs parents, surtout le matin et le soir. Dès qu'un ennemi apparaît au loin, le père ou la mère de la jeune famille pousse un cri très-aigu, et alors tous les petits se tapissent parmi les pierres, les sables ou les herbes, pendant que les chevaliers volant au-dessus de la tête de l'ennemi, cherchent à l'étourdir et à le fatiguer par leurs cris. Les œufs, au nombre de trois à cinq, sont piriformes, d'un gris roussâtre parsemé de petits points roux ou brunâtres. Quelquefois des taches brunes ou noirâtres se réunissent pour former une espèce de calotte.

Le grand diamètre est de 0^m,036 à 0^m,038, et le petit de 0^m,026 à 0^m,028. Dans quelques contrées la chair de ce chevalier est assez estimée ; cependant en général elle est peu recherchée, à cause de l'odeur forte dont elle est imprégnée.

CHEVALIER PERLÉ. — TOTANUS MACULARIA.

Cette espèce appartient à l'Amérique septentrionale ; ce n'est donc que par accident qu'elle manifeste sa présence en Europe.

Toutefois quelques naturalistes affirment qu'elle se reproduit en Italie sur les rives du Pô. Plusieurs ornithologistes angevins ayant constaté le passage du chevalier perlé dans notre département, je lui concède d'autant plus volontiers le droit de cité, que ses dénominations ne viennent pas augmenter beaucoup mon travail étymologique.

Les adjectifs *perlé* et *macularia* représentent la même idée, ils indiquent que le plumage de cet oiseau est couvert de toutes parts de taches symétriques ; le mot *grivelé,* sous lequel il est désigné assez souvent, rend la même pensée, d'une manière encore plus sensible. Ce chevalier n'offre aucune habitude particulière dans l'ensemble de ses mœurs ; il niche dans les terrains marécageux de l'Amérique du Nord. Ses œufs, au nombre de trois à cinq, sont jaunâtres et même quelquefois un peu verdâtres, striés de points et de taches variant du cendré au noir.

Le grand diamètre est de 0^m,032 à 0^m,034, et le petit de 0^m, 022 à 0^m,024.

Chevalier guignette. — Totanus hypoleucos.

Le Guignette est le plus petit de tous les chevaliers qui visitent notre département. Il se plaît à parcourir le bord des grèves de la Loire, et à capturer dans sa course rapide les insectes et les vermisseaux qui se trouvent dans le limon déposé sur le sable par les flots du fleuve. Quand il s'envole, et surtout le soir, il fait entendre un cri plaintif et répété. Il balance sa queue comme le font les bergeronnettes, et lorsqu'il est blessé, il plonge très-bien pour échapper au chasseur et au chien qui le poursuivent. Le chevalier guignette est d'une grande défiance ; il ne peut être approché que par surprise. Bien des fois, dans ma jeunesse, je l'ai chassé, et je n'ai pu le tirer qu'en dissimulant, avec beaucoup de soin, ma présence. Pendant l'automne, il est très-gras, et sa chair est délicate. Chaque année, le chevalier guignette se reproduit en assez grand nombre dans notre département ; dès le mois d'août, on rencontre, sur les grèves de la Loire et le long des petits cours d'eau, des troupes de guignettes,

composées du père, de la mère et de leur jeune famille. Mais jusqu'à
ce moment-ci aucun naturaliste n'a pu, à ma connaissance, découvrir un nid de ce chevalier. Bien des fois j'ai passé des journées entières à surveiller les courses des guignettes au moment de la nidification, sans avoir pu obtenir aucun résultat favorable. Je voyais le
père et la mère aller, revenir sans cesse, pénétrer dans des monceaux de pierres sur les bords des ruisseaux, s'enfoncer d'un air
inquiet dans des touffes d'herbes protégées par des arbrisseaux
plantés au-dessus du cours de l'eau ; je m'avançais en silence, je
cherchais avec un soin minutieux, et je ne découvrais rien. Le père
et la mère semblaient me surveiller, épiaient toutes mes démarches,
et par les mouvements plus répétés de leur queue, m'indiquaient leur
inquiétude et la proximité du berceau de leur jeune famille, et cependant mes efforts étaient vains. Une seule fois j'ai trouvé, à un
mètre au-dessus d'un ruisseau, une coupe aplatie reposant sur les
racines d'un arbrisseau touffu, dont les branches en retombant protégeaient ce nid et lui servaient de marquise. Ce nid était formé
de quelques débris d'herbes et de plantes marécageuses, et par
sa forme ne ressemblait à aucun de ceux que j'avais trouvés. La
présence de deux guignettes, que je surveillais depuis longtemps, et
dont la course inquiète m'avait attiré dans cette espèce de lagune, me
fit croire que ce nid était le fruit de leur travail. La femelle pond
quatre ou cinq œufs un peu piriformes, d'un jaune sale clair, strié
de points, de taches variant du rouge brun au gris cendré et au
brun noir. Le grand diamètre est de 0^m,034 à 0^m,036, et le petit de
0^m,024 à 0^m,026. Après la nidification, chaque couvée forme une
petite société jusqu'au printemps suivant.

L'épithète *hypoleucos* est formée de deux mots grecs, HYPO « en
dessous, » et LEUKOS « blanc, » et indique que le dessous de l'aile
est blanc, caractère que l'on constate facilement lorsque ce chevalier
s'envole. Quant à la dénomination vulgaire, elle m'a paru aussi
difficile à expliquer que le nid de ce chevalier à trouver dans notre
département. J'avais même renoncé à ce rude labeur, lorsqu'une
circonstance heureuse est venue à mon aide. Plusieurs ouvrages
d'ornithologie constatant que le chevalier *guignette* se reproduit en

grand nombre dans le marais de *Guignes*, près Calais, il m'a semblé que je pouvais trouver dans cet habitat les principes de la dénomination donnée à cet échassier. En Suisse, il est appelé *Sif-flasson*, à cause de son cri quelquefois modulé, mais qui le plus souvent ressemble à un gémissement aigu.

CHEVALIER ABOYEUR. — TOTANUS GLOTTIS.

Ce chevalier domine tous ses congénères par les dimensions de sa taille et surtout par sa voix formidable, dont le son imite assez bien l'aboiement d'un petit chien. C'est même cette particularité très-remarquable qui a pu justifier jusqu'à un certain point les croyances énoncées se rattachant à la *chasse-hellequin* ; car, dans ces luttes aériennes, les chevaliers aboyeurs semblaient remplacer les chiens dans la mesnie ou la famille des diables. L'expression *glottis* représente la même idée et dérive de GLÔTTIS, dont la racine GLÔTIA ou GLÔSSA, signifie « idiome, langue, » et d'où a été formé GLÔSSOS « bavard, babillard. » Ce chevalier, d'un naturel très-sauvage, vit et se reproduit dans le nord de l'Europe et de l'Asie ; il se nourrit d'insectes, de vers, de petites coquilles et même de poissons qui nagent à la surface de l'eau. La femelle pond, dans les terrains marécageux, quatre ou cinq œufs, un peu allongés et dont la couleur varie du jaune assez foncé au gris et au verdâtre ; ils sont parsemés de taches rousses ou d'un brun noir. Le grand diamètre est de $0^m,050$ à $0^m,052$, et le petit de $0^m,032$ à $0^m,034$. Le chevalier aboyeur se livre à de longues migrations en visitant les différentes contrées de l'Europe et de l'Asie.

CHEVALIER SYLVAIN. — TOTANUS GLAREOLA.

Ce chevalier, que j'ai inscrit dans la Faune de Maine-et-Loire, est souvent confondu avec le chevalier cul-blanc, dont il diffère par une taille un peu plus petite, par la teinte plus foncée des parties supérieures de son corps, par la base de la queue, et enfin par les sus-caudales qui ne sont pas blanches. Les deux épithètes qui

servent à le désigner indiquent quelles sont les habitudes caractéristiques de cet oiseau. L'adjectif *sylvain*, dérivé de *sylva*, « bois,
forêt, » fait connaître que cet échassier parcourt les bois, les
bruyères, pour y capturer des insectes, des vermisseaux. C'est pour
cette raison qu'il est appelé vulgairement *chevalier des bois*. De plus,
contrairement aux habitudes de ses congénères, il niche quelquefois
dans les bruyères et même dans les arbres des forêts, dans de vieux
nids abandonnés. Le plus souvent la femelle dépose dans les marais,
sur une couche formée de quelques herbes aquatiques, quatre ou
cinq œufs piriformes et un peu ventrus. La coquille, d'un jaune
verdâtre ou roux, est parsemée de taches et de points variant du
roux foncé au brun noir. Le grand diamètre est de 0^m,036 à 0^m,038,
et le petit de 0^m,028 à 0^m,030. Ces œufs offrent de nombreuses et
de belles variétés. Le deuxième adjectif *glareola*, formé de *glarea*
« gravier, gros sable, » indique que le chevalier sylvain ne se tient
pas que dans les forêts et les bruyères, mais qu'il parcourt aussi, et
même le plus souvent, les rives des fleuves et les sables de la mer.
Ce chevalier court avec une grande rapidité et avec une grande élégance ; il vit ordinairement en petites troupes, dont tous les individus s'envolent en même temps, lorsqu'un danger se présente, et
vont se reposer plus loin sans se séparer dans cette remise. Pendant
leur vol, ils font entendre un petit cri ressemblant à un coup de
sifflet modulé et agréable qui leur a fait donner par les chasseurs le
nom vulgaire, *Ramage*. Dans quelques traités d'ornithologie, ce
chevalier est désigné sous les noms *sylvestris* « de forêt, » et *palustris*
« de marais, » expressions qui représentent presque les mêmes
idées que les mots *sylvain* et *glareola*.

Tourne-Pierre a collier. — Strepsilas collaris.

Pour terminer la longue série de la famille des Longirostres, il ne
me reste plus qu'à étudier deux échassiers qui forment deux genres
assez différents entre eux, et qui se distinguent facilement du groupe
précédent. Le premier est le *tourne-pierre à collier ;* les dénominations vulgaires et savantes données à cet oiseau représentent, d'une

manière très-caractéristique, ses habitudes. *Strepsilas* dérive de
STREPSIS, « action de tourner, » dont la racine est STRÉPHÔ, « tourner, et
LAS poétique pour LAAS, « pierre, rocher; » *collaris* signifie « collier
d'attache. » Le *tourne-pierre* court avec une très-grande rapidité, et
retourne avec une adresse remarquable les pierres, les galets qu'il
rencontre sur son passage. Pour remuer, retourner ces pierres et
ces galets, il se sert de la partie plane et retroussée de son bec qui
fait l'effet de levier naturel. Sous les pierres assez grosses qu'il
renverse avec une excessive habileté, il découvre et saisit des vers,
des insectes et une grande quantité de petites coquilles bivalves.
C'est à cette habitude que l'on doit attribuer non-seulement ses
dénominations ordinaires, mais aussi l'épithète *interpres*, épithète
beaucoup trop philosophique pour pouvoir être comprise facilement. Le mot *interpres* signifie *interprète*, « qui traduit, » et
dans un sens plus relevé, *celui qui découvre des choses obs-
cures, inconnues, cachées* à l'intelligence des autres. C'est ainsi
que, dans la langue latine, l'astronome qui suit dans les cieux la
marche des astres échappant aux regards du vulgaire, qui découvre
des planètes nouvelles, est appelé *interpres cœli,* « l'interprète du
ciel.» Je suis donc porté à croire que l'épithète *interpres*, donnée au
tourne-pierre, doit être prise dans un sens moins relevé, et qu'elle
signifie seulement « l'oiseau qui découvre, qui manifeste une nourriture cachée aux regards des autres oiseaux. »

Le tourne-pierre, comme presque tous les échassiers, habite
communément les contrées du Nord, dont les immenses plages ma-
ritimes lui offre un vaste champ de bataille et des ressources sans
cesse renouvelées par le mouvement des flots de la mer. Il
émigre vers les régions tempérées, pendant les froids rigoureux
de l'hiver. Chaque année, il manifeste son passage en Anjou. Cet
oiseau est d'un caractère doux et familier ; il se prive facilement et
pourrait rendre de grands services dans les jardins, en poursuivant
les insectes qui se cachent sous les pierres.

La femelle pond sur le sable, dans un petit creux qu'elle prépare
parmi les gros graviers, trois ou quatre œufs presque ronds, d'un
gris verdâtre ou jaunâtre, striés de points et de taches d'un gris plus

foncé ou presque noir. Quelquefois on remarque des traits qui se développent en zig-zag, entre les taches. Le grand diamètre de ces œufs est de 0^m,040 à 0^m,042, et le petit de 0^m,030 à 0^m,032.

L'Echasse a manteau noir. — Himantopus melanopterus.

Les noms vulgaires de l'Échasse se comprennent facilement ; ils indiquent que les tarses de cet oiseau sont très-élevés. Les expressions scientifiques représentent les mêmes idées. *Himantopus* est formé de himas, himantos « lanière » et pous, podos « pied, » et signifie « oiseau dont les pieds semblent liés avec des lanières, » comme les échasses le sont aux jambes de ceux qui s'en servent. *Melanopterus* est composé de mélas, mélanos, « noir, » et de ptéron « aile. » Les ailes de l'échasse étant d'un noir foncé, le recouvrent par là même d'un *manteau noir*. Les longs tarses de cet oiseau sont d'une si grande faiblesse qu'ils ne lui permettent guère que de marcher dans des vases détrempées ; sur terre, il est peu *solide sur ses bases*. Si sa marche est un peu chancelante, son vol est très-rapide, et pour en accélérer encore la rapidité, l'échasse jette en arrière ses longues jambes, suppléant à la queue, qui manque presque entièrement ; elles font dès lors équilibre au cou et à la tête. Le bec de l'échasse est très-faible et recourbé vers le milieu, et c'est avec son secours que cet oiseau capture, dans des vases détrempées, les vers, les insectes, les petits mollusques qui constituent sa nourriture. Quand plusieurs de ces échassiers sont réunis, ils se placent sur une même ligne et s'avancent de front et du même pas, afin de pouvoir se livrer à une investigation complète, et s'aider mutuellement pour ne laisser échapper aucune proie.

L'échasse niche ordinairement dans les vastes marais de la Russie et de la Hongrie, mais, chaque année, quelques couples se reproduisent dans les autres contrées de l'Europe. M. Courtiller, fondateur du Musée de Saumur, a reçu une femelle tuée sur son nid dans les marais de la Dive et moi-même, j'ai obtenu des œufs recueillis dans cette localité. Le nid de l'échasse est composé d'herbes et de débris de petits joncs; il renferme trois ou quatre œufs très-gros et un peu piriformes; leur couleur, variant du brun jaunâtre au verdâtre, est parsemée de larges taches d'un gris ou d'un noir foncé et de points de même nuance. Le grand diamètre est de $0^m,045$ à $0^m,047$, et le petit de $0^m,032$ à $0^m,034$. Ces œufs offrent de nombreuses variétés. Pendant que la femelle se livre au travail de l'incubation, le mâle reste en sentinelle non loin de la couveuse, et fait entendre un cri accentué à l'apparence du moindre danger. Aussitôt le couple s'envole en répétant un cri prolongé, pour se reposer plus loin, en manifestant un vif sentiment de crainte, et tromper ainsi les ennemis en les attirant loin du berceau de la jeune famille. Les échasses nichent souvent en colonies assez nombreuses.

FAMILLE DES PTÉRODACTYLES.

Dans la Faune de Maine-et-Loire, la quatrième famille des Échassiers est celle des *Ptérodactyles*. Cette famille ne comprend qu'un genre et une seule espèce.

Le mot *ptérodactyle* est composé de PTÉRON « aile, » et DACTYLUS « doigt, » et signifie oiseau à *doigts ailés*. Pour comprendre le sens d'une pareille expression, il suffit d'étudier la forme exceptionnelle des doigts de l'oiseau qui compose cette famille. L'avocette a trois doigts réunis par une membrane échancrée dans le milieu. Le pouce, qui est presque nul, est très-élevé de terre et ne peu servir pour la marche. Le doigt médian est lié aux deux autres par des membranes incomplètes qui font, en quelque sorte, des deux doigts externes, deux ailes manœuvrant autour d'un centre.

AVOCETTE A NUQUE NOIRE. — AVOCETTA RECURVIROSTRA.

Quelle est l'étymologie du mot *avocette ?* Je commence cette notice par une question dont je laisse la solution aux savants. Je n'ai pu entrevoir même imparfaitement les éléments d'une réponse plausible. M. Littré, dans son *Dictionnaire*, dit que *avocette* dérive de l'italien *avocetta*. Il me restait donc à chercher dans les naturalistes italiens la véritable racine du mot *avocetta*. Or, voici ce que je lis dans Aldrovande (liv. **XIX**, pag. 114) : *Avis hæc apud Italos avocetta vocatur nescio quâ ratione*; « cet oiseau est appelé en Italie *avocetta*, j'ignore quel est le motif de cette dénomination. »

Le savant naturaliste bolonais avouant qu'il ignore la racine du mot consacré par sa langue maternelle, je pourrais sans trop d'humilité faire de même et passer outre. J'ose cependant émettre cette hypothèse : le mot *avocetta* ne dériverait-il pas du verbe *avocare*, signifiant *détourner ?* Les expressions à *nuque noire* indiquent que les plumes du sommet et du derrière de la tète de l'avocette sont d'une couleur noire et semblent représenter une espèce de calotte oblongue, se déroulant depuis le bec jusqu'à la base du cou de cet échassier. Quant à l'adjectif *recurvirostra*, il indique le caractère distinctif de cet oiseau et représente la forme de son bec, forme si singulière qu'au premier coup d'œil, on a peine à le comprendre ;

recurvirostra est composé de *recurvum*, « retroussé, » et *rostrum,*
« bec. » Le bec de l'avocette est beaucoup plus long que sa tête,
très-grêle, flexible , ressemblant à de la baleine, déprimé, sillonné
en dessus et en dessous, retroussé et se rétrécissant insensiblement
jusqu'à la pointe, qui est très-mince.

Cette conformation du bec de l'échasse démontre qu'elle est
destinée à ne se nourrir que d'aliments très-mous et n'offrant aucune résistance. Afin de pouvoir les recueillir plus facilement, les
tarses de cet oiseau sont presque tranchants en avant, et séparent
ainsi les vases dans lesquelles l'avocette cherche et trouve sa nourriture. La disposition de ses pieds facilite ses courses dans les terres
détrempées par les eaux, sans avoir toutefois les inconvénients des
pieds entièrement palmés qui rendraient sa marche beaucoup plus
pesante, à cause du dépôt de boue qui s'attacherait naturellement
sur les membranes reliant les doigts dans toute leur longueur. Enfin
l'avocette nage facilement quand la profondeur de la vase est trop
considérable pour qu'elle puisse y circuler. Afin de saisir sa proie,
l'avocette fauche en quelque sorte la boue avec son bec ; lorsqu'elle
a saisi une proie très-molle et très-petite, elle l'avale facilement :
quand cette proie est assez grosse pour résister à la faiblesse de son
bec, elle lance en l'air cette proie et la reçoit ensuite dans son bec
avec une grande habileté. Souvent on aperçoit l'avocette chercher sa
nourriture au milieu des flocons d'écume de la mer, que la structure
de son bec lui permet de sonder dans tous les sens sans aucune résistance. Quoique d'un caractère très-doux et aimant la société de
ses congénères, cet oiseau est très-défiant et se laisse difficilement
approcher. Cette excessive défiance est le seul moyen qu'ait l'avocette
d'échapper au danger. Elle est dépourvue des ressources de la plupart des autres échassiers ; son bec est impuissant à la défendre, sa
course et son vol sont peu rapides. Peut-être son nom dériverait-il
d'*avocare, advocare ;* il signifierait alors oiseau qui détourne du
danger ses congénères, en les appelant dès qu'un péril même éloigné
se présente ? — L'avocette est très-commune sur les bords de la mer
Noire ; là elle niche par petites colonies, ainsi que dans un grand
nombre de contrées de l'Europe.

La femelle dépose sur le sable ou dans les herbes deux ou trois œufs très-piriformes, d'un gris clair ou jaunâtre ou même noirâtre. La coquille est parsemée de taches, de traits, de points irréguliers d'une nuance noirâtre représentant plusieurs couches superposées plus ou moins foncées. Le grand diamètre est de 0^m,048 à 0^m,052, et le petit de 0^{m}032 à 0^m,034.

FAMILLE DES MACRODACTYLES.

L'Ordre des Échassiers se termine par la famille des *Macrodactyles*, renfermant un certain nombre d'espèces qui s'harmonisent bien entre elles. L'expression *macrodactyles* est formée de MAKROS, « long » et de DACTYLOS, « doigt. » Elle indique que les oiseaux désignés par ce mot sont pourvus de doigts très-longs. Là, nous retrouvons encore une preuve sensible de la Providence divine. Les macrodactyles sont destinés à vivre dans les marais, au milieu des herbes et des joncs, à poursuivre sur les feuilles des plantes aquatiques les insectes de toute espèce qui y pullulent, à les capturer même quand ils circulent sur la surface de l'eau ou quand ils pénètrent dans son sein ; dès lors, Dieu a donné à ces échassiers de très-longs doigts qui leur permettent de courir sur les feuilles et sur les plantes aquatiques en procurant à leurs pieds une base très-large et aussi très-solide. Plus ces oiseaux déplacent, par les grandes dimensions de leurs doigts, une masse considérable d'eau, plus ils peuvent se soutenir facilement à la surface, sans enfoncer. Enfin ceux qui séjournent d'une manière plus continue sur l'eau ont les pieds lobés, ce qui leur permet de nager facilement.

Un des caractères les plus saillants des macrodactyles est de vivre solitaires et de se tenir cachés au milieu des herbes et des roseaux. Dans leur vol, ils ne jettent pas leurs jambes en arrière comme le font la plupart des échassiers ; mais ils les laissent tomber perpendiculairement. Le nombre d'œufs que pondent les macrodactyles est généralement beaucoup plus considérable que celui des espèces précédentes.

Le Rale d'eau. — Rallus aquaticus.

Dans le langage vulgaire, le mot *râle* désigne le bruit que les moribonds font entendre en respirant, et qui est produit par le passage de l'air à travers les mucosités accumulées dans le larynx et dans la trachée-artère. Ce cri, toujours si pénible et si déchirant pour le cœur des parents, des amis entourant le lit d'agonie des personnes qui leur sont chères, a beaucoup de rapport avec le cri fatigant du râle ; c'est à lui que cet oiseau doit son nom qui, dès lors, est une onomatopée. Diez, d'après Buffon, y voit le verbe *râler*, à cause du cri de cet oiseau, et Scheler cite à l'appui de cette opinion, que le râle est dit en provençal *ronfle*, du verbe *ronfla* « ronfler », et en allemand *wiesenschnarcher*, « le ronfleur des prés ». A la notice du râle de genêt, nous retrouverons un nom très-caractéristique représentant aussi le cri de rappel de cet échassier.

L'adjectif *aquaticus*, « aquatique, » indique que le râle auquel il a été donné, vit principalement sur l'eau, ou près de l'eau. Ce râle, comme ses congénères, a le corps comprimé, la poitrine étroite, les jambes fort musculeuses, un plumage serré et court.

Dieu l'a constitué de manière à pouvoir remplir la mission qui lui a été confiée. Le râle peut séparer avec une grande rapidité les herbes les plus pressées, se glisser entre elles ; son sternum comprimé fait en quelque sorte l'office de *coin*, et prépare au reste du corps un passage facile. Les muscles des jambes de cet oiseau lui permettent

une course non-seulement rapide, mais encore très-soutenue. C'est
à cet avantage que l'on doit l'origine de l'adage populaire : « *Courir comme un râle.* » Craintif et solitaire, le râle d'eau est presque
crépusculaire ; pendant la journée, il se tient caché dans les herbes
des marécages ; ce n'est que le soir qu'il se livre volontiers à des
pérégrinations lointaines. Quand il est poursuivi, il court très-long-
temps sur les plantes aquatiques avant de prendre son essor ; et, avant
même de se résoudre à recourir au vol, il grimpe sur les arbustes
pour s'y cacher et échapper ainsi aux chiens et aux chasseurs. Le
râle d'eau vit de petits mollusques, de limaçons, de vers, d'insectes
et de graines de plantes aquatiques. Non-seulement cet oiseau visite
chaque année notre département, mais il s'y reproduit. Il niche
parmi les joncs et les roseaux, sur des filaments de plantes desséchées. La femelle pond de six à dix œufs un peu oblongs, d'un blanc
légèrement jaunâtre ou laiteux, quelquefois même d'un verdâtre
très-pâle ; la coquille est parsemée de taches et de points violacés
ou d'un rouge noirâtre. J'en possède quelques-uns dont l'une des
extrémités est recouverte, d'une manière irrégulière, de larges taches
foncées. Les nuances et les dimensions de ces œufs varient beaucoup.

Le grand diamètre est de $0^m,036$ à $0^m,039$, et le petit de $0^m,025$
à $0^m,027$. Les véritables œufs du râle d'eau sont assez difficiles à se
procurer ; on les confond très-souvent avec ceux du râle de genêt,
dont ils diffèrent par la nuance toujours plus jaune de la coquille et
par les taches et les points beaucoup moins nombreux et réguliers,
enfin, par les dimensions, qni sont un peu plus petites.

Gallinule ou poule d'eau. — Gallinula chloropus.

La première dénomination *gallinule* exprime à peu près la même
idée que la seconde ; elle est un diminutif de *gallina* « poule, » et
signifie dès lors « petite poule. » L'adjectif *chloropus* est formé de
chlôros, « vert, » et de pous, podos, « pied » et indique que la poule
d'eau a les pieds verts. Cependant cette belle couleur, qui recouvre
les pieds de la gallinule en remontant jusqu'aux genoux, n'existe que
pendant le temps de la nidification. A cette même époque, une

jarretière d'un rouge brillant se déroule autour de l'articulation du genou, et la plaque qui se dilate sur le front de l'oiseau revêt la même couleur. Quand le temps de l'hymen est passé, toutes ces vives couleurs disparaissent, et la gallinule reprend son vêtement de deuil et sa livrée noirâtre. C'est la jarretière d'un rouge orangé que la poule d'eau revêt chaque année, au moment des noces, qui avait engagé Toussenel à réclamer pour cet oiseau le nom d'*armillaire*, d'*armilla*, « petit cercle, bracelet, et ornement des bras, » et par extension, *jarretière*. Cet auteur pensait que la dénomination *armillaire* serait beaucoup plus juste que celle de *poule d'eau*, puisque la gallinule a peu de ressemblance avec la poule. D'un caractère très-craintif, la poule d'eau dissimule sa présence en se cachant dans les roseaux et les joncs touffus et dans les broussailles qui encadrent les bords des étangs et des marais. Quand elle est découverte, elle court assez longtemps sur les feuilles de nénuphar avant de se décider à voler. Son vol est cependant plus facile et plus soutenu que celui des râles. Pour se dérober à la poursuite des chasseurs, elle plonge facilement, et reste ensuite assez longtemps cachée dans l'eau en ne laissant apercevoir que sa tête à la surface de l'eau. Elle grimpe aussi, avec beaucoup d'agilité, sur les arbrisseaux situés sur les bords des marais, et y reste tranquille jusqu'à ce que le danger soit passé. Quand elle se croit en sûreté, la gallinule se promène avec beaucoup de grâce et de légèreté sur les feuilles et sur les plantes des marais en relevant à chaque pas sa queue à demi étalée ; elle passe et repasse bien des fois dans les mêmes endroits, paraissant toujours trouver une proie échappée à ses premières investigations. Elle se nourrit d'insectes, d'herbes et de graines de plantes aquatiques. La poule d'eau se reproduit en très-grand nombre dans toutes les localités de l'Anjou. Son nid est formé de feuilles et de plantes des étangs ; il représente une coupe assez large et un peu profonde. J'ai trouvé dans l'étang Saint-Nicolas quelques nids recouverts d'une espèce de tonnelle qui dérobait la mère et les œufs aux regards de leurs ennemis. Ce perfectionnement est attribué par les gens de la campagne aux vieilles femelles instruites par l'expérience à veiller sur leur progéniture. La poule d'eau trahit fréquemment sa demeure ou son nid par un cri bref, très-sonore et métallique, qu'elle fait entendre quand l'approche du danger l'engage à changer de place. Le nid contient de six à dix œufs d'un roux jaunâtre ou d'un jaune d'ocre foncé, parsemés de taches et surtout de points bruns ou d'un gris noirâtre ou violacé. On peut en enlevant les œufs, sans défaire le nid, obtenir une seconde et même une troisième ponte. Dans ce cas, le nombre des œufs diminue à chaque ponte, et les nuances de la coquille et des taches deviennent de plus en plus foncées. Les dimensions de ces œufs varient beaucoup. Ordinairement le grand diamètre est de $0^m,040$ à $0^m,046$, et le petit de $0^m,028$ à $0^m,032$. Chaque année la poule d'eau aime à établir son nid à peu près dans les mêmes endroits; elle paraît se choisir de véritables cantonnements. Sa chair est peu estimée, même pendant l'automne.

RALE DE GENÊT. — RALLUS CREX.

Ce râle est distinct de son congénère par le plumage, par la forme du bec et par les dimensions des doigts qui sont moins longs et indiquent dès lors que cet oiseau ne doit pas avoir les mêmes habitudes, ni habiter les mêmes lieux que le râle d'eau. Il fréquente les prairies, les bruyères, les taillis humides et les terrains plantés de genêts, ainsi que le bord des eaux. Il se nourrit d'insectes, de vermisseaux, de semences de genêt, et c'est à cette habitude, ainsi qu'aux lieux qu'il parcourt, qu'il doit son nom vulgaire. Quant à l'expression *crex*, c'est une onomatopée représentant d'une manière bien exacte le cri : *crek, crek, crek*, qu'il répète pendant le jour et pendant la nuit, huit, dix et douze fois de suite, en paraissant l'accentuer de plus en plus. Le mâle semble prendre plaisir à suivre les chasseurs ou les voyageurs en répétant son cri, pour le suspendre pendant quelque temps et le recommencer plus tard dans un nouvel endroit bien éloigné du premier. C'est dans ces circonstances qu'il court avec cette rapidité devenue proverbiale. Il décrit alors une série de courbes qui s'enlacent et se déroulent de mille manières, et finissent par lasser l'ardeur des chiens les plus vigoureux et des chasseurs les plus intrépides. Quelques auteurs l'appellent *Rallus Pratensis* « Râle des prés. » Cette dénomination est plus exacte que celle de *Râle de genêt*, parce qu'elle représente mieux la vie ordinaire de cet oiseau, qui fixe son séjour dans les prairies humides. Il se reproduit en très grande quantité en Anjou, et surtout dans les vastes prairies qui s'étendent depuis Angers jusqu'à Ecouflant et Briollay. Le plus grand nombre des couvées ne réussit pas, parce que les faucheurs commencent leur travail avant que les petits ne soient éclos ou assez grands pour échapper à leurs ennemis quand l'herbe est coupée. Pendant de longues année, l'un de mes anciens élèves, M. Poulain, instituteur à Ecoufflant, a eu la bienveillance de faire recueillir, par les faucheurs, les œufs trouvés dans les nids sur lesquels l'instrument avait passé, et c'est par centaines et par milliers que ces œufs m'étaient apportés, surtout lorsque la Maine, en débordant sur les prairies, avait retardé pour les râles le moment favorable d'établir leurs nids. Chacun de ceux-ci contient de six à dix œufs, d'un gris jaunâtre ou verdâtre ou même violacé ; leur coquille est parsemée de taches ou de points roux ou d'un gris foncé. Les nuances et les dimensions offrent de très-nombreuses variétés. Le grand diamètre est de $0^m,035$ à $0^m,040$, et le petit de $0^m,025$ à $0^m,030$. J'en possède dans ma collection quelques-uns qui n'ont que $0^m,020$ de longueur et $0^m,015$ de diamètre. Quand les petits sortent de la coquille qui les tenait captifs, il portent une livrée toute différente de celle de leurs parents ; ils sont revêtus d'un duvet noir foncé. Le râle de genet entreprend de très-longs voyages, dans lesquels il s'associe aux cailles ; c'est pour cette raison que les Grecs

l'appelaient *Ortygometra*, « conducteur ou plutôt mère des cailles, »
de ortygs « caille » et de métèr « mère. » La chair de cet oiseau
est très-appréciée en automne par les gastronomes. Un passage de
Belon prouve que de son temps on reconnaissait à ce gibier un
mérite que le savant ornithologiste et médecin relate ainsi dans son
style naïf : « Le râle est bien renommé es festins de noz côtrées ;
car estant de goust un peu sauvage, il irrite l'appetit pour mieux
se saouller de boire. » (Liv. IV, pag. 113.)

Gallinule Marouette. — Gallinula Porzana.

La Marouette est un des plus gracieux oiseaux de l'Europe : elle
se rapproche beaucoup plus du râle que de la poule d'eau, c'est
pour cette raison que plusieurs naturalistes l'appellent le *râle perlé*,
expression représentant les différentes nuances de son plumage qui
s'harmonisent très-agréablement. Cet oiseau vit dans les marais et
dans les prairies humides ; il court avec une agilité remarquable sur
les feuilles de nénuphar et sur les plantes aquatiques. Dans le mois
de juin 1869, lorsque je fouillais les vastes marais de la Baumette
avec mes confrères, M. l'abbé Simon et M. l'abbé Péhu, pour découvrir des nids de *Sterne épouvantail* (Sterna nigra), nous aperçûmes
tout à coup un couple de marouettes sortir d'une touffe de petits
roseaux ; elles couraient devant nous à quelques pas, s'arrêtant quand
nous nous arrêtions, pour continuer ensuite leur course selon l'im-
pulsion que nous donnions à notre embarcation. Pendant plus d'un
quart d'heure, ces deux jolis oiseaux nous accompagnèrent en nous
précédant toujours à une petite distance, puis ils disparurent entre les
roseaux, lorsqu'ils pensèrent que le danger qui menaçait leur jeune
famille était passé. Selon toute probabilité, les petits de ce couple étaient
cachés, comme je l'ai constaté d'autres fois, sous les larges feuilles
de nénuphar, et les parents suivaient tous nos mouvements ou plutôt
les précédaient lentement pour nous éloigner des objets de leur
tendresse et tromper notre recherche en nous dirigeant vers un côté
opposé. Non-seulement la marouette vit dans les marécages, mais
elle s'y reproduit et forme avec des herbes entrelacées une coupe

peu profonde et mobile. Cette coupe n'étant pas fixée, comme celle de la gallinule d'eau, à des roseaux ou à des joncs, peut suivre les différentes variations du niveau de l'eau et s'élever ou descendre avec la crue. Elle n'a pas l'inconvénient d'être submergée, à moins qu'une véritable inondation ne vienne entraîner au loin le berceau de la jeune famille. Dans les crues subites de la Maine, quelques nids de marouette ont été charriés sur les prairies des environs d'Angers, et les œufs, recueillis dans la boue lorsque la rivière rentra dans son lit ordinaire, me furent envoyés par quelques-uns de mes anciens élèves. Ces œufs sont ordinairement au nombre de huit à dix ; leur forme est allongée, et leur couleur, d'un jaune clair et sale et assez souvent noirâtre, est parsemée de taches cendrées d'une nuance plus ou moins foncée et quelquefois même d'un brun très-accentué. Le grand diamètre est de $0^m,033$ à $0^m,035$, et le petit de $0^m,022$ à $0^m,024$. La marouette fait ordinairement deux couvées par an ; le nombre d'œufs de la seconde est moins considérable que celui de la première. Cet oiseau, qui est muet pendant une grande partie de l'année, fait entendre pendant la nidification un cri saccadé que l'on peut représenter par *wuit, wuit*, et qui est répété d'une voix perçante, non-seulement par une marouette, mais par toutes celles qui se trouvent dans le même marécage. Quand l'une d'elles a commencé à faire entendre ce cri, toutes les autres s'empressent à l'envi les unes des autres de se mêler à cette espèce de babil, ressemblant plus à un charivari qu'à un concert. Les détails que je viens de donner sur les mœurs de la marouette, qui se plaît, comme d'autres de ses congénères, à se plonger dans l'eau, à ne laisser à la surface que sa tête, et à y séjourner assez longtemps pour échapper à la poursuite de ses ennemis, ces détails m'ont éloigné beaucoup de la question étymologique ou plutôt en ont préparé la réponse. J'ai fouillé bien des glossaires ; aucun ne m'ayant indiqué même indirectement la racine du mot *marouette*, je crois pouvoir, en m'appuyant sur les habitudes de cet oiseau, émettre l'hypothèse que cette dénomination a été formée de la vieille expression *marois*, signifiant autrefois « marécage, marais et même mer, » et qui a été le principe du verbe *maroier*, « diriger, gouverner un vaisseau sur mer. » Dès lors *marouette* signifierait « oiseau qui habite, qui vit, qui navigue dans les marais, » sens parfaitement justifié par les habitudes de l'échassier qu'il désigne. C'est je crois le motif qui a déterminé plusieurs naturalistes à faire du mot *marouette* une expression générique s'appliquant aux différentes espèces d'oiseaux vivant de la même manière dans les marais ; ils les ont ainsi désignés : *marouette baillon, marouette poussin,* etc. Quant à l'adjectif *porzana,* il n'est que le mot italien *porzana* servant aux gens de Bologne à désigner la marouette qui se trouve en très-grande quantité dans les marais situés aux environs de cette ville.

Gallinule Poussin. — Gallinula Pusilla.

Ici les recherches étymologiques sont faciles : *poussin* et *pusilla* expriment la même idée et indiquent que cette gallinule est d'une petite taille. Elles sembleraient même faire soupçonner que cet échassier est le plus petit du genre auquel il appartient. C'est je crois le motif réel qui lui a fait donner l'épithète de *poussin.* Mais depuis l'époque à laquelle cet oiseau a été décrit, une autre espèce a été découverte, et les proportions en sont un peu plus petites que celles de la gallinule que nous étudions ; le mot *pusilla* ne doit donc plus être pris dans son sens rigoureux. Malgré la petitesse de sa taille, le poussin est peut-être le plus intrépide et le plus infatigable coureur de tous les oiseaux de l'Europe. Ses mœurs sont celles de la marouette : il aime à se cacher dans les roseaux ; mais quand il est découvert, il court avec une rapidité excessive, décrit une quantité de lignes qui s'enlacent et se déroulent tour à tour, puis, par une série de courbes, il s'éloigne et se rapproche ensuite du point de départ ; grâce à tous ses stratagèmes, il dépiste et fatigue les chiens les plus exercés et les plus vigoureux. Aussi a-t-il reçu des chasseurs un nom très-caractéristique : *Le crève-chiens.* Quand le poussin redoute d'être atteint dans sa course rapide, il se jette à l'eau, plonge, ou grimpe sur un buisson ou sur une touffe épaisse de roseaux, et immobile dans cette nouvelle position, il laisse tranquillement passer, près de lui, chiens et chasseurs. Le poussin choisit une petite élévation au milieu des marécages, et c'est sur cette élévation qu'il établit son nid composé de feuilles et de tiges de plantes aquatiques entrelacées. Dans mes nombreuses courses ornithologiques je n'ai trouvé qu'un seul nid de cet oiseau. Il était placé dans une touffe de petits joncs situés au milieu d'une des *flaques* d'eau qui parsèment les anciennes landes de Bécon. La femelle pond de six à dix œufs d'un jaune olivâtre, avec quelques petits points ou de légères taches brunes représentant une nuance un peu plus foncée que celle de l'ensemble de la coquille. Ces taches, ces points sont beaucoup moins accentués que dans les œufs des espèces précédentes. Très souvent même ils sont à peine visibles. Le grand diamètre de ces œufs varie de $0^m,026$ à $0^m,028$, et le petit de $0^m,020$ à $0^m,022$.

Gallinule Baillon. — Gallinula Baillonii.

La Gallinule Baillon a deux centimètres de moins que la précédente ; elle porte le nom d'Emmanuel Baillon, l'ami de Buffon, mort à Abbeville en 1803. Ce savant naturaliste a préparé le plus grand nombre des oiseaux de mer et de rivière qui composent la collection du Muséum de Paris. C'est lui qui le premier a déterminé la gallinule à laquelle est consacrée cette courte notice, et a indiqué les différences qui la séparent de ses congénères. Vieillot a cru devoir consacrer ce souvenir en donnant à cet échassier le nom de l'ornithologiste d'Abbeville. Le baillon a les mêmes habitudes que le poussin avec lequel il vit en très-bonne harmonie ; comme lui, il a recours à une course très-rapide et à une série de stratagèmes intelligents pour échapper à ses ennemis. Cet oiseau niche près de l'eau dans les endroits marécageux ; la femelle dépose, dans un nid formé de plantes entrelacées, de six à dix œufs ayant la forme d'une olive et presque la couleur de ce fruit. La nuance de la coquille, d'un roux olivâtre pâle, est parsemée de taches et de points presque

Gallinule Baillon.

imperceptibles formant une seconde couche un peu plus foncée. Le grand diamètre est de 0^m,025 à 0^m,027, et le petit de 0^m,018 à 0^m,020. Ces œufs sont faciles à confondre avec ceux de l'espèce précédente ; cependant leur nuance est toujours plus pâle, leurs dimensions un peu plus petites. La chair du baillon, comme celle du poussin, est très-estimée en automne.

Foulque Macroule ou Jodelle, Judelle. — Fulica Atra.

Ma tâche étymologique était bien facile dans les deux dernières notices ; il n'en sera pas de même dans celle consacrée à la Foulque Macroule, et ici je retrouverai bien des incertitudes ; heureux si je puis en dissiper quelques-unes ! Je commence par relater les principales habitudes de la foulque, appelée souvent la *grosse poule d'eau*. Cet oiseau se nourrit d'insectes, de coquillages, de vers, de végétaux aquatiques et même de petits poissons. Il séjourne dans les étangs, dans les marais parsemés de joncs, de roseaux et de plantes touffues. La foulque se cache encore plus que la poule d'eau, et il est très-difficile de l'apercevoir, si ce n'est au moment où elle s'envole en poussant un cri qui trahit sa présence. Elle niche en très-grande quantité dans notre département. Pour répondre à l'invitation pressante de M. Aimé d'Andigné Le Gris, je m'étais rendu au château de la Grifferaye, dans le mois de juin 1866, accompagné du cher frère Victorin, directeur de la pension Saint-Julien, et de mes jeunes amis Daniel Métivier, Eugène Lelong, Guillaume Bodinier et Louis Manceau. La caravane était au complet, et par suite une excursion sérieuse était préparée et destinée à fouiller des marais importants. M. d'Andigné nous reçut avec une bienveillance paternelle et nous offrit une hospitalité véritablement patriarcale. Après un repas où la gaieté ordinaire des convives était encore vivifiée par les espérances du lendemain, chacun se retira dans sa chambre pour se préparer à soutenir les labeurs d'une course lointaine. Dès le lever du jour, tout le monde était à son poste, et bientôt chacun prenait place dans un véhicule qui nous emportait rapidement vers le but de nos désirs; M. d'Andigné nous accompagnait, désirant diriger lui-même tous les détails du voyage. Après deux heures d'une course rapide, nous descendîmes de voiture et nous commençâmes à sonder, dans la commune de la Chapelle-Saint-Laud, les bords d'un étang encadré de landes et de bois taillis dont le sol était sillonné intérieurement par de nombreux trous de blaireaux. Le garde de M. Gouin du Bois-Grollier, propriétaire de l'étang, détache un léger bateau ; l'un de mes jeunes amis, Daniel Métivier, s'y lance avec moi, et nous parcourons, en tous sens, les sinuosités de l'étang. De distance en distance apparaissaient de petits monticules, dont la base avait de 40 à 50 centimètres de diamètre, et le sommet de 20 à 30 centimètres de largeur. Le sommet de ces différents monticules était généralement arrondi, couvert d'une touffe épaisse d'herbes, et s'élevant de 15 à 20 centimètres au-dessus de la surface de l'eau. Sur presque tous ces monticules nous trouvâmes un nid de foulque contenant, selon l'habitude, de six à douze œufs. Je signale cette circonstance parce que c'est la seule fois que j'aie rencontré les nids de la foulque dans de pareilles conditions. Après une visite faite au propriétaire du domaine, nous remontons en voiture et nous nous dirigeons rapidement vers l'étang de Singé, but principal de notre excursion. Arrivés sur les bords de cette immense pièce d'eau, nous fîmes un repas très-confortable, grâce à la prévoyance de M. d'Andigné qui avait confié à notre véhicule des provisions de toute sorte. La joie des convives était cependant un peu tempérée par la crainte de ne pouvoir fouiller l'étang, car aucun bateau n'apparaissait sur le rivage. Après des recherches assez longues, le garde fut trouvé, et il nous offrit la seule embarcation dont il pût disposer. C'était une *noyette*, c'est-à-dire un moyen déguisé de faciliter la *noyade*. Elle était oblongue, mesurant un mètre 30 centimètres de longueur et 40 centimètres de largeur ; l'eau y pénétrait par plusieurs trous. Après quelques hésitations, le feu sacré de la science triompha de toute crainte, et l'équipage s'embarqua. Il était composé de l'intrépide Guillaume Bodinier et d'un pilote. Nous nous *arrimons* en entrelaçant et en doublant nos jambes, puis nous nous asseyons dans une position difficile à dépeindre. Nous ramons avec nos mains, ayant eu soin de nous munir d'une perche destinée à empêcher, dans les graves circonstances, notre esquif de chavirer. Le sort en est jeté, et nous voguons vers une touffe de roseaux où nous capturons un très-beau nid de grèbe castagneux. Ce premier succès enflamme notre courage et soutient notre confiance. Réunissant alors tous nos efforts, nous atteignons bientôt un magnifique bouquet de grands joncs au-dessus desquels se jouaient des sternes épouvantails, et qui retentissait du chant si accentué de la fauvette rousserolle. A peine avions-nous franchi la première enceinte des joncs, que nous apercevons un vaste et magnifique nid de foulque. Ce berceau, composé de couches superposées de plantes aquatiques, avait de grandes dimensions. Sur ses bords se tenaient deux petites foulques écloses depuis quelques instants seulement ; leur belle tête, couverte d'un duvet rouge éclatant, tranchait sur le reste du plumage d'un noir profond et parsemé autour du cou de quelques brins d'un duvet blanc. Elles étaient encore tout humides du liquide de la coquille qu'elles venaient de briser. Près d'elles se débattait une jeune sœur ou un jeune frère retenu encore captif dans la moitié de la coquille de sa prison. Les deux jeunes foulques debout sur les bords de leur berceau, comme des marins sur l'avant de leur navire à l'approche d'un danger, suivaient avec une grande anxiété les manœuvres de notre équipage. Malheureusement ces manœuvres étaient contrariées par les touffes épaisses des roseaux et par l'eau qui pénétrait dans notre embarcation. Pleins d'espérance, nous saluions de nos voix, de nos mains, le terme désiré de notre entreprise, mais ce terme semblait s'éloigner de plus en plus. Nous luttons avec une nouvelle énergie; encore quelques efforts et nous pourrons saisir les deux foulques, mais au moment même où nous tendions les bras, les deux jeunes oiseaux plongent et disparaissent sous les larges feuilles de nénuphar. Pendant plus de vingt minutes nous les poursuivons, frappant avec notre perche les feuilles qui leur servent d'abri. Les foulques paraissent et disparaissent tour à tour, nageant et plongeant selon que le réclame leur salut. L'équipage suait, était rendu et prêt à s'avouer vaincu, lorsque cédant à un entrain sublime, la moitié de l'équipage se penche trop rapidement sur les bords de l'esquif, glisse dans le marais, et, grâce à un bain de pieds un peu forcé, rapporte d'une manière triomphante les foulques captives. Pour faire contrepoids au choc produit par la secousse de mon équipage, je m'étais couché sur la *noyette* en me cramponnant des deux côtés aux roseaux. M. d'Andigné, les dames et les jeunes personnes qui s'étaient jointes à lui pour suivre les péripéties de cette excursion nautique, crurent que l'équipage, le pilote et même le navire, tout avait fait naufrage. Mais quelques instants après, nous sortions de la touffe de roseaux, avec des chants de victoire, ramant de toutes nos forces vers le rivage. Le vent était violent et froid, et il fallait se hâter de réchauffer l'équipage et le pilote. Pendant cet épisode, un autre se déroulait sur les bords de l'étang. Notre jeune ami Daniel Métivier, brûlant du désir de s'associer et à nos recherches et à nos dangers, avait obtenu du garde la concession de ses hautes bottes de marais. Avec une ardeur plus courageuse que prudente il avait introduit ses pieds, ses cuisses, dans cette chaussure formidable, et comme un preux des temps antiques, sans craindre le danger, il s'était avancé dans l'eau pour en explorer le contour. Malheureusement la force ne répondit pas à son courage; l'une des bottes, s'enfonçant dans une couche épaisse de vase, ne put être retirée ; la jambe sortit de son enveloppe peu flexible, et l'intrépide explorateur, perdant l'équilibre, fut condamné à quitter momentanément la position verticale pour subir l'horizontale et regagner le rivage dans un état plus compromis encore que celui de mon équipage. Pour combattre la sensation communiquée par le contact de l'eau, les naufragés et leurs compagnons firent une petite libation de vin généreux, s'enveloppèrent de couvertures de voyage et regagnèrent par une course très-rapide le castel de M. d'Andigné, où l'on fit disparaître toutes les traces laissées par les épisodes de ce drame. Le lendemain nous rentrions à Angers, emportant les deux foulques qui, enfermées dans un mouchoir, vécurent encore deux jours après avoir supporté les fatigues du siége qu'elles avaient subi avec tant de courage. Elles font maintenant partie de ma petite collection d'oiseaux, qui sont presque tous des souvenirs de mes excursions ornithologiques. Ah! si mon honorable ami, si l'irréconciliable adversaire de mes clients privilégiés nous eût accompagnés dans cette excursion, comme dans beaucoup d'autres, il eût pu constater que nous consacrions quelques instants de *nos bonnes années à étudier l'ornithologie en plein soleil* et *non pas seulement dans la lecture des livres de tout âge!*

Le nid de la foulque est ordinairement composé de joncs et de roseaux desséchés et entassés de manière à former une large coupe aplatie, assez élevée au-dessus de la surface de l'eau. La femelle y monte et en descend par deux pentes inclinées qui se correspondent de chaque côté. Non loin de ce nid se trouve assez souvent une autre coupe beaucoup moins considérable, qui sert de lieu de repos au mâle, et lui permet de veiller sur le berceau de sa jeune famille. Ces deux coupes peuvent s'élever et s'abaisser selon la variation de la crue, parce qu'elles ne sont pas fixées aux roseaux, mais seulement enclavées dans les touffes des plantes aquatiques. Les œufs, au nombre de six à douze, sont oblongs, roussâtres et parsemés de points d'un brun noir dont les nuances sont plus ou moins foncées. Souvent la coquille de ces œufs revêt la couleur du café au lait. Le grand diamètre est de 0^m,054 à 0^m,058, et le petit de 0^m.034 à 0^m.037. Comme je l'ai raconté, les foulques plongent et nagent dès qu'elles sont sorties de la coquille. Je reviens aux étymologies. Foulque n'est que la traduction de *fulica*, employé par Virgile, et de *fulix*, que je trouve dans les œuvres de Cicéron. Ces deux expressions ont pour racine *fuligo*, *fuliginis* « vapeur noire, suie de cheminée. » Elles représentent parfaitement la couleur du plumage de la foulque, appelée vulgairement *Diable de mer*. Cette dernière dénomination peut me venir en aide pour comprendre le mot *jodelle*. Autrefois on nommait *jodelet* un bouffon ou tout autre acteur qui faisait rire par ses sottises ; on disait de quelqu'un de niais : « C'est le jodelet de la compagnie. » Dans ce sens, *jodelet* se rapprocherait d'*arlequin* et dès lors de *diable*, comme je l'ai démontré dans la notice sur le chevalier arlequin. Cette hypothèse se trouverait fortifiée encore par le mot *judelle*, employé comme équivalent de *jodelle*, et le remplaçant dans la plupart des anciens auteurs. Or *jodelle* a pour principe *judée*, nom du bitume, de l'espèce d'asphalte qui surnage à la surface des eaux de la mer Morte. Entre cette substance noire poussée dans tous les sens par le mouvement des flots et par l'action des vents et la foulque *noire*, « atra », nageant sur les eaux, le rapport me paraît assez sensible. Enfin, dans beaucoup de localités, elle est désignée par le mot *Morelle,* dérivant de *more*, « homme noir. » Quant à l'expression *macroule*, elle n'est qu'une ancienne forme de *macreuse*, composée de *macer*, « maigre » et d'*anas* « canard ». A l'article de la véritable macreuse, je donnerai des détails pour expliquer l'usage de l'Eglise, permettant de manger les macreuses pendant le carême et les autres jours consacrés à l'abstinence, par la raison que ces oiseaux étaient réputés « maigres », à cause du goût de marécage et de poisson que conservait leur chair, naturellement peu succulente, surtout à l'époque du printemps, et dès lors pendant le carême. Vers la fin de l'automne, la chair de la foulque devient un peu plus mangeable parce que la nourriture de cet oiseau est alors presque exclusivement végétale. Scheler prétend que les mots *macroule, macreuse,* ont la même origine que *maquereau,* dérivant de *macula*, « tache ». Cette étymologie pourrait se justifier si elle s'appliquait à la marouette, « râle tacheté »; mais elle n'est nullement justifiée par le plumage de la jodelle, qui est d'un noir de suie uniforme. Toussenel propose d'appeler la foulque *albirostre*, de *album* « blanc » et *rostrum* « bec », ou *galearostrum*, de *galea*, « casque, » et *rostrum*, « bec, » parce que cet oiseau se fait remarquer par une protubérance cornée d'une belle couleur blanche, qui remonte du bec sur la partie frontale et la recouvre comme d'un casque. Les pieds de la jodelle sont lobés et festonnés ; ils indiquent que cet oiseau est le trait d'union naturel entre les macrodactyles et les *palmipèdes* proprement dits.

PHALAROPE PLATYRHYNQUE. — PHALAROPUS PLATYRHYNCHUS.

L'Ordre des Echassiers se terminera dans ce modeste travail par le Phalarope platyrhynque. Cet oiseau vient-il en Anjou ? Doit-il être classé parmi les macrodactyles ? Double question qu'il est sage d'élucider avant d'aborder la discussion étymologique. Le phalarope est un charmant petit échassier habitant les régions polaires, se nourrissant d'insectes et de petits mollusques, qu'il capture avec une grande adresse sur les rivages des mers ou à la surface des flots. Revêtu d'un plumage fourni et d'un duvet épais, comme tous les oiseaux qui cherchent leur nourriture à la surface de l'eau, il paraît plus facilement nager que courir. Chaque année la tempête l'éloigne des contrées qu'il habite ordinairement, et en transporte des troupes nombreuses sur les différents rivages des mers Sa présence en Anjou est donc possible, et puisqu'elle est affirmée par plusieurs de nos collègues linnéens, je l'admets sur l'autorité de

leur témoignage. Quant à la place qu'il doit occuper dans la classification, la diversité des opinions est tellement grande, que je puis
inscrire le phalarope après la foulque, sans trop m'écarter de la
vérité. Beaucoup d'auteurs appellent cet oiseau *Phalaropus fuli-
carius*, et indiquent par là-même le rapport qu'ils reconnaissent
exister entre la foulque et le phalarope. Comme la macroule, il
a les pieds festonnés, mais avec une différence qui est indiquée par
le nom *phalaropus*, composé de PHALARON « harnais » et de POUS
« pied, » et signifiant *pied harnaché,* à cause de la forme retombante
des festons de chaque côté des doigts. Ces doigts antérieurs sont
garnis à leur base d'un repli membraneux qui occupe la longueur
de la première phalange et se continue de chaque côté du doigt en
suivant une bordure qui se termine à l'ongle. Les savants ont cru
saisir une ressemblance entre cette membrane et un harnais qui,
comme cette membrane, se développe et se replie selon les circonstances, ou plutôt avec les housses qui retombent en festonnant autour
des flancs de l'animal qu'elles recouvrent. La racine pourrait être composée de PHALAROS « brillant » et POUS « pied », et indiquer l'élégance
des festons des pieds du phalarope. Quant à l'épithète *platyrhynque,*
elle dérive de PLATYS « large » et de RHYNCHOS « bec, » et fait connaître que cet échassier a un bec d'une largeur assez considérable
pour la taille de l'oiseau. Le phalarope se reproduit dans le nord de
la Sibérie et au Groenland ; il niche sur les bords déserts des grands
lacs. La femelle pond trois ou quatre œufs roussâtres ou jaunâtres,
dont la coquille est parsemée de taches, de points d'un brun noirâtre
plus ou moins foncé. Le grand diamètre est de 0ᵐ,028 à 0ᵐ,030, et le
petit de 0ᵐ,019 à 0ᵐ,021. Le phalarope est un nageur infatigable et un
intrépide plongeur ; il capture avec une grande habileté les insectes
ailés qui voltigent au-dessus des flots, que cet échassier parcourt
dans tous les sens en décrivant une série de lignes qui s'enlacent
et se déroulent tour à tour.

L'abbé VINCELOT,

Chanoine honoraire, aumônier du pensionnat Saint-Julien,
Officier de l'instruction publique.

9 782329 581422